JavaScript之美

Anton Kovalyov 编

杜春晓 司韦韦 译

Beijing • Boston • Farnham • Sebastopol • Tokyo

O'Reilly Media, Inc. 授权中国电力出版社出版

中国电力出版社

图书在版编目（CIP）数据

JavaScript 之美 / (美) 安顿・科瓦诺夫（Anton Kovalyov）编；杜春晓, 司韦韦译. — 北京：中国电力出版社，2017.12

书名原文：Beautiful JavaScript

ISBN 978-7-5198-1364-2

I. ①J… II. ①安… ②杜… ③司… III. ①JAVA语言－程序设计 IV. ①TP312.8

中国版本图书馆CIP数据核字(2017)第288815号

北京市版权局著作权合同登记 图字：01-2017-6362号

出版发行：中国电力出版社
地　址：北京市东城区北京站西街19号（邮政编码100005）
网　址：http://www.cepp.sgcc.com.cn
责任编辑：刘 炽（liuchi1030@163.com）
责任校对：马 宁
装帧设计：Susan Thompson，张 健
责任印制：蔺义舟

印　刷：三河市百盛印装有限公司
版　次：2017年12月第一版
印　次：2017年12月北京第一次印刷
开　本：787毫米×980毫米 16开本
印　张：10.5
字　数：198千字
印　数：0001—3000册
定　价：48.00元

O’Reilly Media, Inc.介绍

O’Reilly Media通过图书、杂志、在线服务、调查研究和会议等方式传播创新知识。自1978年开始，O’Reilly一直都是前沿发展的见证者和推动者。超级极客们正在开创着未来，而我们关注真正重要的技术趋势——通过放大那些“细微的信号”来刺激社会对新科技的应用。作为技术社区中活跃的参与者，O’Reilly的发展充满了对创新的倡导、创造和发扬光大。

O’Reilly为软件开发人员带来革命性的“动物书”；创建第一个商业网站（GNN）；组织了影响深远的开放源代码峰会，以至于开源软件运动以此命名；创立了Make杂志，从而成为DIY革命的主要先锋；公司一如既往地通过多种形式缔结信息与人的纽带。O’Reilly的会议和峰会集聚了众多超级极客和高瞻远瞩的商业领袖，共同描绘出开创新产业的革命性思想。作为技术人士获取信息的选择，O’Reilly现在还将先锋专家的知识传递给普通的计算机用户。无论是通过书籍出版，在线服务或者面授课程，每一项O’Reilly的产品都反映了公司不可动摇的理念——信息是激发创新的力量。

业界评论

“O’Reilly Radar博客有口皆碑。”

——Wired

“O’Reilly凭借一系列（真希望当初我也想到了）非凡想法建立了数百万美元的业务。”

——Business 2.0

“O’Reilly Conference是聚集关键思想领袖的绝对典范。”

——CRN

“一本O’Reilly的书就代表一个有用、有前途、需要学习的主题。”

——Irish Times

“Tim是位特立独行的商人，他不光放眼于最长远、最广阔的视野并且切实地按照Yogi Berra的建议去做了：‘如果你在路上遇到岔路口，走小路（岔路）。’回顾过去Tim似乎每一次都选择了小路，而且有几次都是一闪即逝的机会，尽管大路也不错。”

——Linux Journal

译者序

JavaScript 是一个传奇。Brendan Eich 仅用 10 天时间就设计出了它的第 1 个版本。仓促之间，它存在各种各样的缺陷也就不足为奇。出乎意料的是，它的不足给众多开发者留下了广阔的发挥空间。加之编写、运行 JavaScript 都很简单，只要有文本编辑器和浏览器即可。就这样，无数本没有机会进入程序设计领域的人们加入 JavaScript 社区，其中很多开发者都是自学成才。一门存在各种不足的语言，一个多数成员靠自学成才的社区，演绎了一段不可思议的神话，JavaScript 多年来稳坐 Web 语言之主的宝座，与 HTML、CSS 并称 Web 开发的三剑客。我不由地想起孔子所说的“犁牛之子”，想起他的“吾少也贱，故多能鄙事。”JavaScript 和它的开发者正是这种精神的集中体现。

本书由 15 位 JavaScript 专家写成，每人各写一章，分享他们认为 JavaScript 美在何处。跟随大师的脚步，我们将学习到代码复用的不同方法、模板编译、词法和句法分析、异常捕获、Node.js 事件循环；还将学到多名开发人员用 JavaScript 开发，应注意哪些问题；除了这些具体的问题，作者还探讨了不同的抽象层次、编程范式和代码风格等。作者通过对以上内容介绍，帮助我们认识到 JavaScript 的魅力之所在。这些内容的落脚点在于，帮助我们编写出高效、安全、易于他人理解和维护的高质量代码。

感谢各位作者，名单太长，这里就不一一列出了，其中尤其感谢 Graeme Roberts、Marijn Haverbeke 和 Rick Waldron，感谢三位的答疑解惑。感谢王海霞和邵有生，我向二人请教过问题。最后，感谢家人和朋友对我的支持。

本书由杜春晓（新浪微博：@宜_生）和司韦韦（前敦煌网前端工程师）共同翻译。内容包罗万象，由于时间仓促，书中翻译错误、不当和疏漏之处在所难免，敬请读者批评指正。

译者

目录

前言

函数是第一等公民，句法像 Java，继承用原型实现，(+" ") 等于 0，这就是 JavaScript。它可以说是世上争议和误解最多的编程语言。开发这门语言只用了 10 天，因此它存在大量缺陷，有很多不够优雅的地方。自它面世之后，很多开发者就一直尝试取代它作为 Web 语言之主的地位。但时至今日，该语言和围绕它形成的生态系统仍在蓬勃发展。JavaScript 是当今最流行、Web 平台开发的真正语言。是什么令 JavaScript 如此特殊？为什么这门仓促设计的语言取得成功，而其他语言却失败了？

我相信 JavaScript（和 Web）之所以能够存活下来，是因为它的无处不在，个人计算机没有安装 JavaScript 解释器，这种情况几乎不可能存在，以及它从混乱中求发展，化压力为动力，努力提升自我的能力。

JavaScript 不同于其他语言，它将各种不同的人聚集于 Web 开发这个大平台。只要装有文本编辑器和 Web 浏览器，人们就可以动手开发 JavaScript，很多人也确实是这么入行的。它的表现力、有限的标准库促使开发者多方尝试，将其发挥到极限。人们不仅用它开发网站和应用，还用它编写各种库，开发能够编译回 JavaScript 的编程语言。这些库彼此存在竞争关系，解决问题的方法往往相冲突。JavaScript 生态系统一片混乱，但却也充满生机。

过去人们用 JavaScript 编写的很多库和语言，现已被人忘记。然而，开发者的最佳想法（那些证明了他们自己的实力并经得住时间检验的想法）被这门语言所吸收。

它们成功进入 JavaScript 的标准库，固化为它的句法。它们使这门语言更加优秀。

曾经有很多语言和技术以取代 JavaScript 为使命。它们非但没有成功，反而不情愿地充当了 JavaScript 的鞭策者。每当意欲取代 JavaScript 的新语言或系统出现后，浏览器厂商就会想方设法使其变得更快、强大和健壮。这些优秀的想法一次次融入到 JavaScript 语言的新版本之中，不好的想法则被抛弃。与 JavaScript 相竞争的这些技术，不仅没能取代它，反而使其更强大。

如今，JavaScript 的受欢迎程度超乎想象。这一局面会持续下去吗？我无法预测 5 年、10 年之后，它是否依然如此受欢迎，但它以后表现如何真的没那么重要。因为对我而言，统观所有语言，未毁之于自身的缺陷，反逆势为之而终获繁荣，并能将各种不同背景的人引入计算机编程圣境之中的，JavaScript 是一个绝佳的例子。

关于本书

本书作者熟稔 JavaScript。每位作者各写一章，他们均是各自领域的专家。他们根据自己的侧重点，介绍了 JavaScript 不同方面的特点，其中有些特点你只有编写大量代码，在试错的过程中才能发现。随着阅读的深入，你将发现这些挚爱着 JavaScript 的推动者到底喜欢它的哪些点。

阅读本书，你还将学到很多知识。我确实受益颇多。但是，请不要误将本书当作教程，因为它比教程更宏大。某些章节是对人们一贯认识的挑战，作者向我们展示了即使是最令人恐惧的特征，也可以成为很有用的工具。有几位作者展示了 JavaScript 可用来表现自我，俨然是一种艺术形式，而其他作者则分享了成百上千名开发者在代码库中使用 JavaScript 时，所需的注意事项和最佳实践。有些作者分享个人经历，其他作者则着眼于未来。

本书的各章内容在写作上没有固定模式可循，甚至有一章内容极为幽默、诙谐，这一章是我有意安排的。我尽可能地给予作者充分的自由，我想看看他们究竟能写出怎样的佳作。他们果然不负所望，内容之精彩令人难以置信。他们最终写出了一本极具 JavaScript 风格的书，每一章都反映了作者的风貌。

排版约定

本书在排版上遵循以下约定：

斜体（Italic）

表示新术语、URL、邮件地址、文件名和文件扩展名。

`等宽字体（Constant width）`

程序及段落中表示变量、函数名、数据库、数据类型、环境变量、声明和关键字等程序中的元素，使用等宽字体。

小贴士

该元素表示小贴士或建议。

注意

该元素表示一条注意事项。

使用示例代码的注意事项

配套材料（示例代码、练习等）请从 *https://github.com/oreillymedia/beautiful_javascript* 下载。

本书是为了帮助你更好地完成工作。一般来讲，书中的示例代码，你用于自己的项目和文档，无需联系并获得我们的许可，但大量复制我们的代码另议。例如，编写程序，使用书中的多处代码，无需我们授权，但出售或传播用 O'Reilly 图书示例代码制作的 CD-ROM 光盘，则需要我们授权。引用本书内容回答问题，或引用示例代码，无需授权，但在你的产品文档中，大量使用本书的示例代码，则需要授权。

如果你能添加内容的出处，我们将非常感激，当然这不是必须的。出处通常要标明书名、作者、出版社和 ISBN 号信息。例如："*Beautiful JavaScript*, edited by Anton Kovalyov（O'Reilly）. Copyright 2015 Anton Kovalyov, 978-1-449-37075-6"。

如果你觉得示例代码的使用方式可能不当或在我们上面列出的许可范围之外，请联系我们确认，邮箱是 *permissions@oreilly.com*。

Safari® Books Online

Safari Books Online 是一个按需服务的数字图书馆，以图书和视频形式提供全世界科技和商业领域顶级作者创作的专业内容。

技术专家、软件开发者、Web 设计师、商业和创意人士将 Safari Books Online 作为研究、解决问题、学习和认证培训使用的首要资源。

Safari Books Online 为企业、政府、教育机构和个人提供多种方案和定价策略。

我们向会员开放成千上万本图书、培训视频和待正式出版的手稿。我们用一个具备强大检索功能的数据库存储资源。这些资源来自几百家出版机构，其中包括 O'Reilly Media、Prentice Hall Professional、Addison-Wesley Professional、Microsoft Press、Sams、Que、Peachpit Press、Focal Press、Cisco Press、John Wiley & Sons、Syngress、Morgan Kaufmann、IBM Redbooks、Packt、Adobe Press、FT Press、Apress、Manning、New Riders、McGraw-Hill、Jones & Bartlett 和 Course Technology。更多信息请访问 *https://www.safaribooksonline.com*。

联系方式

欢迎将你对本书的任何意见和问题寄给我们，地址如下：

美国：

O'Reilly Media, Inc.
1005 Gravenstein Highway North
Sebastopol, CA 95472

中国：

北京市西城区西直门南大街2号成铭大厦C座807室（100035）
奥莱利技术咨询（北京）有限公司

我们为本书做了一个网页，把勘误信息、示例代码和其他附加信息列在上面。地址是 *https://github.com/oreillymedia/beautiful_javascript*。

你对本书的任何意见或技术方面的问题，都可以将其发送至 *bookquestions@oreilly.com*。

关于我们的图书、课程、会议和新闻的更多信息，请访问我们的网站 *http://www.oreilly.com*。

欢迎关注我们的 Facebook 账号：*http://facebook.com/oreilly*。

欢迎关注我们的 Twitter 账号：*http://twitter.com/oreillymedia*。

欢迎观看我们上传到 YouTube 网站上的视频：*http://www.youtube.com/oreillymedia*。

第 1 章

美丽的 mixin

Angus Croll

实际上并不是什么大不了的问题，开发者却喜欢整出一个过于复杂的解决方案。

—— Thomas Fuchs

项目开始后，代码逐渐多起来。于是，我们将其封装为函数以便复用。随着项目的推进，封装的函数多得不能再多了。于是，我们寻找复用函数的方法。JavaScript 开发者往往不遗余力地使用“合适”的复用技术。但有时过于追求去做正确的事情，却会错过近在眼前的美景。

类继承

JavaScript 开发者，若学过 Java、C++、Objective-C 和 Smalltalk，编写 JavaScript 代码时，对于用类这种层级结构组织代码，心存近乎宗教般的虔诚。然而人们并不擅长分类。从抽象的超类反向派生出实际的类和类具有的各种行为，不符合常人的认知过程且存在限制，必须先创建超类，其他类才能对其扩展。而更接近对象本质的类，更具一般性，抽象程度更高，我们对具体的子类有了更多了解之后，再去定义类将更加容易。此外，从一般到具体的派生方法，类之间存在紧密耦合问题，比如一类完全定义在另一类之上，生成的模型可能过于死板、脆弱和荒谬（“Button 是 Rectangle 还是 Control 的子类？我跟你讲，`Button` 继承自 `Rectangle`，`Rectangle` 继承自 `Control`……不，等会……”）。若不尽早理顺各类之间的继承关系，系统将永远受累于一组存在缺陷的关系。出于偶然或凭借天分，我们也许偶尔也能理顺它们之间的关系，但即使最小化的树结构所表示的心智模式，对我们而言通常也过于复杂，我们无法快速理解它。

类继承适合为现有的、易于理解的层级结构建模，明确地声明 `FileStream` 是一种 `Input Stream`，这没有问题。但如果主要动机是函数复用（通常如此），那么为实现类继承而建立起来的层级结构，很快就会变为充斥着毫无意义的子类型的迷宫，令人感到棘手，并且还会增加代码的冗余程度和维护代码逻辑的难度。

原型

大多数行为是否能映射到客观上“正确”的类别，这点仍值得怀疑。并且，主张类继承的一派也的确遭遇到了一伙狂热分子的挑战，他们同是 JavaScript 的忠诚捍卫者。他们宣称 JavaScript 是一种基于原型而不是面向对象的语言，任何带有“类”字样的方法根本不适用于 JavaScript。但“原型”的含义是什么？原型和类有着怎样的区别？

用通用的编程术语来讲，原型是指为其他对象提供基本行为的对象。其他对象可在此基础上扩展基本行为，加入个性化行为。该过程也称为有差异的继承，有别于类继承的是它不需要明确指定类型（静态或动态），从形式上而言，它也不是在一种类型的基础上定义其他类型。类继承的目的是复用，而原型继承则不一定。

> 一般而言，开发人员使用原型，通常不是为了分类，而是为了利用原型和对象之间的相似性。
>
> —— Antero Taivalsaari，诺基亚研究中心

JavaScript 的每个对象均指向一个原型对象并继承其属性。JavaScript 的原型是实现复用的好工具：一个原型实例可以为依赖于它的无数实例定义属性。原型还可以继承自其他原型，从而形成原型链。

到此为止还好理解。但 JavaScript 仿效 Java，将 `prototype` 属性绑定到构造器，其结果是多个层级的对象继承通常需要链接构造器和原型来实现。在介绍 JavaScript 之美的书里，加入 JavaScript 原型链的标准实现方法，可能会令读者望而生畏，简单来讲，为了定义继承者的初始化属性，而为基础原型创建一个新实例的做法，既不优雅也不直观。另一种方法 [手动复制不同原型的属性，改动构造器（constructor）的属性，以此来伪造原型继承] 则更不可取。

构造器—原型链句法，不优雅我们就不说了。它的缺点还体现在需要预先规划，比起真正的原型关系，它的结构更像类继承语言中的传统层级关系：构造器表示类型（类），每个类型被定义为一个（且仅有一个）超类型的子类型，所有属性均通过该类型链来继承。ES6的 class 关键字只是将现有实现方式形式化。构造器—原型链，句法特征笨拙，确实谈不上优美，撇开这些不谈，传统 JavaScript 的原型化程度显然没有某些人认为的那样明显。

ES5 标准引入了 Object.create，以增加原型继承的灵活度，拓展应用场景。该方法允许将原型直接赋给对象，JavaScript 原型不再受限于构造器（和类型的限制），因此从理论上讲，对象可以从其他任意对象获得行为，且不受类型转换的限制：

```
var circle = Object.create({
  area: function() {
    return Math.PI * this.radius * this.radius;
  },
  grow: function() {
    this.radius++;
  },
  shrink: function() {
    this.radius--;
  }
});
```

Object.create 方法的第 2 个参数可选，表示继承自哪个对象。不幸的是第 2 个参数不是对象自身（字面量、变量或参数），而是一个完整的 meta 属性定义：

```
var circle = Object.create({
  /*see above*/
}, {
  radius: {
    writable:true, configurable:true, value: 7
  }
});
```

假如没人愿意在生产代码中使用这些笨拙的继承方法，那么只好在创建实例后，手动将属性赋给它。即便如此，Object.create 方法也只是允许对象继承某个原型的属性。但真实应用场景，往往需要从多个原型对象获得行为，例如，一个人可以兼有雇员和经理身份。

mixin 方法

幸运的是，JavaScript 提供了其他实现链式继承的可行方法。比起更严格的结构化语言中的对象，JavaScript 对象能够调用任意的函数属性而不管它们之间的血统关系如何。换句话讲，JavaScript 函数可见，不要求其是可继承的。基于以上观察，依靠继承建立起来的层级结构的全部合理性像纸牌屋一样轰然倒塌。

函数复用的最基本方法是手动委托，任何公共函数都可以直接用 call 或 apply 方法调用。这一点很强大，易被忽视。然而，一连串的 call 或 apply 语句暂且不提它的烦琐，这种委托方法由于极其方便，甚至还会带来反面效果，有时它实际上有悖于你写代码时所遵循的结构化方面的规则，调用过程非常随意，以至于从理论上来讲，开发人员完全不用考虑如何组织代码。

mixin 方法可以得到较好的折衷效果：鼓励按照主线组织功能，可以发挥类继承的表达能力，但又足够轻便和灵活，避免落入时机尚不成熟时组织代码的陷阱（并免遭因继承关系复杂而导致的头晕目眩），继承链层次较深的单祖先模型存在陷阱。并且，mixin 方法还有一个优点，句法简单，能够与无链接的 JavaScript 原型很好地配合使用。

mixin 基础

从传统意义上讲，mixin 是一个类，它定义了一组原本要用实体（一个人、圆或观察者）定义的函数。然而，mixin 类被视作是抽象的，因为它不是由自己来完成实例化。相反，具体的类通过复制（或借）mixin 类的函数，继承 mixin 的行为，而不必跟行为的提供者产生正式的关系。

好吧，但这就是 JavaScript，我们开发者没有类可用。这实际上是好事，因为它意味着我们可以使用具备清晰和灵活性特点的对象（实例）：mixin 类可以是常规对象、原型或函数等。并且，mixin 过程也变得透明和明确。

应用场景

接下来，我将讨论几种 mixin 技术，但所有的代码示例都导向同一个应用场景：创建圆形、椭圆或矩形按钮（用传统的类继承方法实现比较麻烦）。下图的方框表示 mixin 对象，椭圆形图案表示实际按钮。

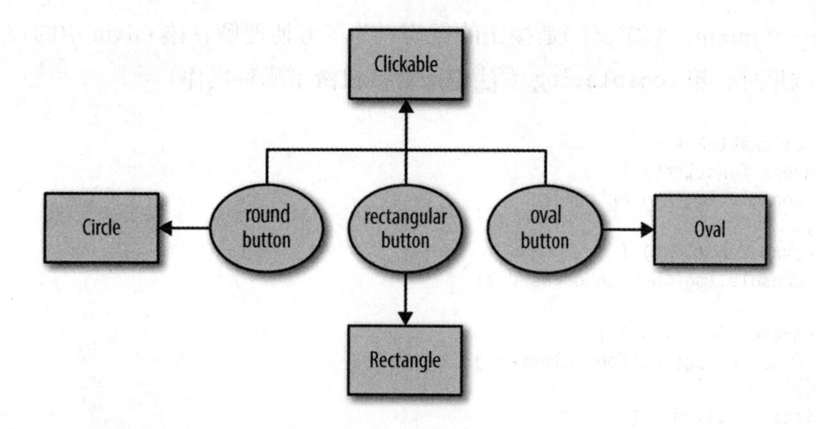

类形式的 mixin

我看了一下谷歌为查询词“javascript mixin”返回的两个页面，发现大多数文章的作者将 mixin 对象定义为一种成熟的构造器类型，其函数集定义在原型上。这可以看作是自然的演化，早期的 mixin 是类，类形式的 mixin 是 JavaScript 中最接近于类的类型。下面是按照该方式实现的一个圆形 mixin：

```
var Circle = function() {};
Circle.prototype = {
  area: function() {
    return Math.PI * this.radius * this.radius;
  },
  grow: function() {
    this.radius++;
  },
  shrink: function() {
    this.radius--;
  }
};
```

然而，实际开发中，没必要使用这种重量级的 mixin，用简单的对象字面量即可：

```
var circleFns = {
  area: function() {
    return Math.PI * this.radius * this.radius;
  },
  grow: function() {
    this.radius++;
  },
  shrink: function() {
    this.radius--;
  }
};
```

再来看一个 mixin，它定义的是按钮的行为（为了方便理解，该 mixin 中的前几个函数，被调用时，用 console.log 方法记录对按钮做了哪种操作）：

```
var clickableFns = {
  hover: function() {
    console.log('hovering');
  },
  press: function() {
    console.log('button pressed');
  },
  release: function() {
    console.log('button released');
  },
  fire: function() {
    this.action.fire();
  }
};
```

extend 函数

如何将 mixin 对象整合到你的对象之中？你需要借助 extend 函数（有时将该方法称作放大模式）。extend 通常只是简单复制（而不是克隆）mixin 对象的函数到接收对象。快速调研一番，我发现该实现机制有几种变体。例如，Prototype.js 框架省去了 hasOwnProperty 检查（表示 mixin 对象的原型链中不应该有可枚举的属性），而其他实现方式假定你只想复制 mixin 的原型对象。下面这种方式既安全又灵活：

```
function extend(destination, source) {
  for (var key in source) {
    if (source.hasOwnProperty(key)) {
      destination[key] = source[key];
    }
  }
  return destination;
}
```

用刚才创建的两个 mixin 对象，扩展新对象 RoundButton 的基础原型 RoundButton.prototype：

```
var RoundButton = function(radius, label) {
  this.radius = radius;
  this.label = label;
};

extend(RoundButton.prototype, circleFns);
extend(RoundButton.prototype, clickableFns);

var roundButton = new RoundButton(3, 'send');
```

```
roundButton.grow();
roundButton.fire();
```

函数形式的 mixin

如果 mixin 定义的函数只是为了方便其他对象的使用，那么为何还要费劲像创建常规对象那样来创建 mixin？将 mixin 看作是过程而不是类，难道不是更加直观吗？下面我们将圆形和按钮 mixin 改写为函数。mixin 的目标对象用上下文对象（`this`）来表示：

```
var withCircle = function() {
  this.area = function() {
    return Math.PI * this.radius * this.radius;
  };
  this.grow = function() {
    this.radius++;
  };
  this.shrink = function() {
    this.radius--;
  };
};

var withClickable = function() {
  this.hover = function() {
    console.log('hovering');
  };
  this.press = function() {
    console.log('button pressed');
  };
  this.release = function() {
    console.log('button released');
  };
  this.fire = function() {
  this.action.fire()
  };
}
```

RoundButton 构造器如下所示。我们想将 mixin 应用于 `RoundButton.prototype`：

```
var RoundButton = function(radius, labal, action) {
  this.radius=radius;
  this.label=label;
  this.action=action;
}
```

现在，目标对象通过 Function.prototype.call 就能将自己注入到函数形式的 mixin 中，完全不需要中间人（extend 函数）：

```
withCircle.call(RoundButton.prototype);
withClickable.call(RoundButton.prototype);

var button1 = new RoundButton(4, 'yes!', function() {return 'you said yes!'});
button1.fire(); //'you said yes!'
```

该方法给人的感觉是很贴切。mixin（混入、掺入）用作动词而不是名词，这是一种轻量级的一站式函数服务。除此之外，还有别的优点。编码风格自然、简洁：this 总是指向函数集的接收者而不是我们不需要的抽象对象；并且，与传统方法相比，我们不必提防无意中复制了被继承的属性，（不管是否有同名属性）函数不是复制而是克隆来的。

带 options 参数

函数形式的 mixin 方法还支持通过 options 参数将行为参数化，以掺杂使用各种行为。下述示例代码创建了一个带有自定义的 grow 和 shrink 方法的 withOval mixin。

```
var withOval = function(options) {
  this.area = function() {
    return Math.PI * this.longRadius * this.shortRadius;
  };
  this.ratio = function() {
    return this.longRadius/this.shortRadius;
  };
  this.grow = function() {
    this.shortRadius += (options.growBy/this.ratio());
    this.longRadius += options.growBy;
  };
  this.shrink = function() {
    this.shortRadius -= (options.shrinkBy/this.ratio());
    this.longRadius -= options.shrinkBy;
  };
}

var OvalButton = function(longRadius, shortRadius, label, action) {
  this.longRadius = longRadius;
  this.shortRadius = shortRadius;
  this.label = label;
  this.action = action;
};

withClickable.call(OvalButton.prototype);
withOval.call(OvalButton.prototype, {growBy: 2, shrinkBy: 2});
```

```
var button2 = new OvalButton(3, 2, 'send', function() {return 'message sent'});
button2.area(); //18.84955592153876
button2.grow();
button2.area(); //52.35987755982988
button2.fire(); //'message sent'
```

添加缓存

你也许担心该方法会增加性能上的开销，因为每次调用，我们都要重新定义同一个函数。但是请记住，我们对原型使用函数形式的 mixin 方法时，该工作只需要做一次：定义构造器时。创建实例所需要的工作量不受 mixin 过程的影响，因为所有的行为已预先分配给共享的原型。这就是 *twitter.com* 网站支持所有函数共享所使用的方法，它并没有带来明显延迟。而且，值得注意的是，使用类形式的 mixin，要求获取属性的速度跟设置原型的速度一样快。事实上，函数形式的 mixin 在 Chrome 浏览器上比传统的 mixin 方法所能达到的基准水平要快（虽然速度有较大变数）。

也就是说，函数形式的 mixin 还能做进一步优化。对 mixin 构造闭包，我们能缓存第一次定义时的结果，由此所带来的性能上的提升非常显著。那么，从性能方面来讲，函数形式的 mixin 在所有浏览器上都能轻松战胜类形式的 mixin。

下面是增加缓存机制的 `withRectangle` mixin：

```
var withRectangle = (function() {
  function area() {
    return this.length * this.width;
  }
  function grow() {
    this.length++, this.width++;
  }
  function shrink() {
    this.length--, this.width--;
  }
  return function() {
    this.area = area;
    this.grow = grow;
    this.shrink = shrink;
    return this;
  };
})();

var RectangularButton = function(length, width, label, action) {
  this.length = length;
  this.width = width;
  this.label = label;
  this.action = action;
```

```
}

withClickable.call(RectangularButton.prototype);
withRectangle.call(RectangularButton.prototype);

var button3 =
  new RectangularButton(4, 2, 'delete', function() {return 'deleted'});

button3.area(); //8
button3.grow();
button3.area(); //15
button3.fire(); //'deleted'
```

advice 方法

mixin 技术普遍存在的危险是，mixin 函数在无意中会覆盖目标对象碰巧与之重名的属性名。twitter 的 Flight 框架使用了函数形式的 mixin，mixin 过程为了防止相同属性名发生碰撞，会暂时为现有属性加锁（用元属性 writable）。

我们不想引发属性碰撞现象，但有时也许想增强目标对象上的同名方法。advice 方法是指在原有实现的前后或环绕原有实现添加自定义的代码，以重新定义一个函数。Underscore 框架实现了一种基础函数封装器，能够实现 advice 功能：

```
button.press = function() {
  mylib.appendClass('pressed');
};

//after pressing button, reduce shadow (using underscore)
button.pressWithShadow = _.wrap(button.press, function(fn) {
  fn();
  button.reduceShadow();
}
```

Flight 框架不仅实现了增强目标对象属性的功能，并且还朝前迈出了一步：advice 对象自身变为函数形式的 mixin，可混入其他目标对象，为后续 mixin 对象启用 advice 方法。

我们用上述 advice mixin 增强矩形按钮的动作，为其增加阴影变化效果。首先，我们应用 advice mixin，然后应用前面用过的两个 mixin：

```
withAdvice.call(RectangularButton.prototype);
withClickable.call(RectangularButton.prototype);
withRectangle.call(RectangularButton.prototype);
```

withShadow mixin 现在可以利用 advice mixin 了：

```
var withShadow = function() {
  this.after('press', function() {
    console.log('shadow reduced');
  };
  this.after('release', function() {
    console.log('shadow reset');
  };
};

withShadow.call(RectangularButton.prototype);
var button4 = new RectangularButton(5, 4);
button4.press(); //'button pressed' 'shadow reduced'
button4.release(); //'button released' 'shadow reset'
```

用 Flight 框架，该过程将不再痛苦。所有 flight 组件都可以自由使用 `withAdvice`，并且 `defineComponent` 方法可一次接收多个 mixin。因此，如果上述示例我们用的是 Flight 框架，还可以进一步简化该过程（Flight 的构造器属性，比如矩形的大小，是在 mixin 的 `attr` 中定义的）：

```
var RectangularButton =
  defineComponent(withClickable, withRectangle, withShadow);
var button5 = new RectangularButton(3, 2);
button5.press(); //'button pressed' 'shadow reduced'
button5.release(); //'button released' 'shadow reset'
```

有了 `advice`，我们可以在 mixin 上定义函数，而无需猜测目标对象是否也实现了该函数，因此 mixin 是可以单独定义的（可能由另一方提供）。反过来讲，我们可以用 `advice` 方法扩展第三方库函数的功能，而不用借助猴子补丁这一方法。

小结

> 如果可能，要按照纹理切割木材。纹理告诉了你应该从哪个方向下手。如果逆着纹理切割，你是在给自己找麻烦，且很可能将木材切割坏了。
>
> —— Charles Miller[注1]

作为程序员，我们被鼓励去相信某些技巧是必不可少的。自打 20 世纪 90 年代早期开始，面向对象编程一直很热，类继承作为备受推崇的方法沿用至今。渴望掌握一门新语言的开发人员，要去适应类继承方法，实际上承受着很大的压力。

注 1： 完整博文请见 Charles Miller 的博客 The Fishbowl（*http://bit.ly/cut_with_the_grain*）。

但同行的压力无法帮你写出美丽的代码，也不应该迫使你使用曲折的逻辑。当你发现自己在编写Circle.prototype.constructor = Circle这样的语句时，请扪心自问，该模式是为你服务，还是你在服侍它。最佳的模式不会给你的实现过程带来多大影响，不会干扰你充分发挥这门语言全部力量的能力。

类继承重复用一个对象定义另一个对象，由此形成了一系列紧密的耦合关系，将不同的层级粘结在一起，对象之间的依赖关系非常复杂。相反，mixin 极其敏捷，你几乎不需要调整代码库，只要发现了一组通用、可共享的行为，就可以根据需要创建 mixin，而其他所有对象不管在整个模型中扮演什么角色，都可以访问 mixin 的功能。mixin 和对象之间的关系非常自由：mixin 的任意组合可应用于任意对象，对象对应用于它的 mixin 数量也没有限制。这正是原型继承赋予我们的根据机会复用代码的能力。

第 2 章

eval 和领域特定语言

Marijn Haverbeke

eval 是一种语言结构体，它接收字符串并将其作为代码来执行。

如果一门语言有 eval 结构体，那么正在被执行的代码可能来自作为输入的文件，也可能来自正在运行的代码自身。

该结构体不仅有趣，而且还非常有用，原因有几个。本章，我将探讨 JavaScript 的 eval 函数在哪种程度上可用来创建简单的基于语言的抽象方法。

“eval 是邪恶的”是怎么回事？

一提起“eval”这个词，我知道有些读者就会立即感到肾上腺素注入血管，他们脑后彷佛随即传来长须飘飘的 JavaScript 布道者那深沉的嗓音，“eval 是邪恶的！”

纯粹道德批判能很好地适用于工程领域的情况，我还从未见过。但你若确实见过，且不想重新评估自己的信仰，请跳过本章。

从实际应用角度来讲，使用 eval 会遇到几个问题。它表达的语义易让人混淆，容易引发错误，它对性能的影响并不总是明确的。我把它作为一种工具来探讨，尝试理清这些问题并予以研究，以帮你高效地使用该工具。

历史和接口

一门语言的解释器（从广义上来讲）是指接收文本并将其作为代码来执行的程序。如果有可用的解释器，将其作为跟解释器功能几乎相同的 eval 结构体暴露出来比较容易。

第一门这样做的语言是 Lisp 语言的一个早期版本。较新的动态语言（Perl、Python、PHP、Ruby，当然还有 JavaScript）纷纷效仿。这类语言中的大部分都经历了相似的过程，它们最初都引入了一个直截了当、不成熟的求值结构体（evaluation construct），后来又尝试改进、扩展或因其破坏了控制流而干脆禁用它。

为代码执行设计接口，其微妙之处在于解释代码的环境，代码能看到什么变量。原始解释器常用的变量表示方式易于检查和操作变量，允许被求值的代码访问 eval 结构体上下文的所有可见变量，这没有问题。一门动态语言最初的设计，往往与其解释器的最初实现交织在一起，因而人们在设计语言时倾向于遵循被求值代码有权访问局部环境的模式。

但是这样做存在如下两个问题。首先，几乎没有理由想去访问局部作用域。你偶尔也会见到一些犯迷糊的 JavaScript 程序员因没能认识到该语言支持动态属性访问，而编写出诸如 `eval("obj." + propertyName)` 这样的语句，或因其不知道 eval 返回的已经是求值结果，不知道 `var result =` 部分可以提出来，而编写出 `eval("var result = " + code)` 语句。若代码字符串来自于外部的源，字符串中的变量名跟局部变量也许相同，两处变量名产生冲突。有一种情况，被求值代码需要访问定义在对其求值的模块中的功能函数时，访问局部作用域并不完全错误。后面，我们会介绍如何用一种优雅的方法解决该问题。

其次，因为增加了编译的难度，所以在局部作用域求值这种做法并不好。编译器确切知道正在编译的代码长什么样，在编译时就能做出大量决策（而不用等到运行时），这将提升编译后的代码的执行速度。最重要的是，如果编译器知道变量 x 指的是全局变量 x 还是其中一处封闭作用域的 x，编译器就可以为访问 x 生成相对简单的代码。而 eval 结构体会引入新变量 x，迫使编译器以更加复杂的方式来表示变量的环境，编译后访问每个变量的代码在性能上的开销较大。

上述第二点正是 JavaScript 的 eval 结构体表现极其古怪的原因——局部和全局求值的区别。

过去，eval 曾是保存了一个函数的常规全局变量。其他变量的操作方法，也适用于 eval，比如将其存储到另一变量或数据结构中，或将其传给函数等。但是尝试优化 JavaScript 代码执行方式的开发者，不愿用前面介绍的性能开销大的动态方式来表示所有的环境和变量访问，他们巧妙地引入一条规则，很可能最初只是将其作为一种“黑技术”，后来该规则才得以标准化并被添加到 ECMAScript 标准之中。

规则如下：如果编译期间，调用 eval。对于 eval 全局变量（该全局变量必须仍保持其原始值），代码中需有一处函数调用，那么 eval 只是在局部作用域求值。如以其他间接方式调用 eval，那么 eval 则无法访问局部作用域，因此为全局求值。

例如，eval("foo") 是局部求值，而 (0 || eval)("foo") 是全局求值，var lave = eval; lave("foo") 也是全局求值。

虽然上面所讲的用 eval 进行全局求值，纯粹是为了追求效率，而不是为了提供更好的接口，但一直以来开发者有意使用全局求值这种方法，因为它往往比局部求值用处更大，且不易出错。

全局求值的另一个变体是 Function 构造器。它接收表示函数名和函数体的字符串作为参数，返回作用域为全局的函数（它不会将变量封闭到创建变量的作用域）。请注意，参数名既可以作为一个个单独的参数（new Function("a", "b", "return a + b")）传入，也可以作为一个整体、以逗号分隔字符串的形式（new Function("a, b", "return a + b")）传入。对于大多数应用场景，这是开发者最喜欢的代码求值方式。

性能

代码求值的性能开销很大。编译代码，不仅要调用 JavaScript 编译器，现代 JavaScript 引擎为了执行特定的优化，还要分析所加载的程序。引入的新代码也许会导致代码分析结果不合法，致使该程序的其他部分要重新编译。

加上前面讨论过的两点原因，在局部作用域求值，性能令人堪忧。我在现代 JavaScript 引擎上做过多次基准测试，发现在 eval 可以访问的局部作用域，搜索该作用域、访问变量，速度非常慢。这表明如果使用闭包模块模式（匿名函数为模块的作用域），若模块的任意位置存在局部求值，这会为模块中所有代码带来性能上的开销。作用域只要存在这样一处调用（甚至不用执行），就会带来性能上的开销。

另一方面，用 `new Function` 或全局 `eval` 创建的函数，函数以动态方式创建，对速度的影响不十分明显。

因此，理想的模式是求值只发生一次（程序启动时），或求值发生在频繁调用的循环之外（我们这里探讨的是如何避免出现几毫秒的延迟，而不是接口长时间不可用的灾难）。如果对以上两点加以注意，那么就可以根据需要大量使用用求值结构体生成的函数。

常见应用场景

`eval` 最常见的应用场景是动态执行来自于外部资源的代码：例如，模块管理器这个库从某处获取到代码，然后用全局 `eval` 将其注入到当前环境，用交互式 *repl*（read-eval-print 循环），执行用户输入的代码。

过去，`eval` 是解析 JSON 数据串最简单的方法，JSON 的句法形式是 JavaScript 句法的子集。如今，我们用 `JSON.parse` 解析 JSON 串。对于解析不受信任的数据，该方法具有防范代码注入的显著优势。

大多数基于 JavaScript 的文本模板系统使用某种形式的 `eval` 预先编译模板。它们解析模板文本一次之后，生成一段程序对模板进行实例化，然后用 `eval` 调用 JavaScript 编译器编译实例化后的模板。某些情况下，只是对模板进行优化，但有时模板也许包含 JavaScript 代码，因此需要使用某种形式的 `eval` 对其求值。下一小节详细介绍编译器的实现方法，我们可用它来编译简单、基于 JavaScript 的模板语言。

模板是一种领域特定语言 (DSL)，旨在解决一个特定问题（下面示例用其构建字符串），专门用来表述该问题的各个元素，在表述问题方面，它比普通的 JavaScript 语言更直接。领域特定语言是 `eval` 的一个更加有趣的应用。本章稍后会介绍 `eval` 的另一种应用：一种用于匹配和抽取二进制数据的紧凑和高效的标记方法。

模板编译器

阅读下述代码之前，我应该提醒你，虽然本书叫做《JavaScript 之美》，但我下面展示给你的代码相当丑。这么说来，我似乎不够真诚。

构造字符串的代码往往看起来很糟糕。如果我们用字符串插值方法、以代码为导向的模板系统，甚至使用数据结构表示代码，代码也许会稍微好看些。但我们将粗鲁地拼接大量字符串，其中很多字符串所包含的关键词和句法模式与周边代码相同。代码自然不够优雅，可读性不高。

下列函数接收一个模板字符串作为参数，它所返回的函数表示的是该模板编译后的版本。它识别出 # 号之间的模板指令（templating directive）。该函数解析如下所示的简单模板：

```
#$in.title#
==============

Items on today's list:
#for item in $in.items#
  * #item.name##if item.note# (Note: #item.note#) #end#
#end#
```

以 `for` 开头的指令开启一个循环（遍历数组）。`if` 指令开启条件控制流。这两者都以 end 指令结束。其余被解释为以文本形式插入到输出之中的值。变量 $in 代指传入模板的值。

简单起见，我们在代码中没有对输入做任何形式的检查。函数的实现方法如下所示：

```
function compile(template) {
  var code = "var _out = '';", uniq = 0;
  var parts = template.split("#");
  for (var i = 0; i < parts.length; ++i) {
    var part = parts[i], m;
    if (i % 2) { // Odd elements are templating directives
      if (m = part.match(/^for (\S+) in (.*)/)) {
        var loopVar = m[1], arrayExpr = m[2];
        var indexVar = "_i" + (++uniq), arrayVar = "_a" + uniq;
        code += "for (var " + indexVar + " = 0, " + arrayVar + " = " +
          arrayExpr + ";" + indexVar + "<" + arrayVar + ".length; ++" -
          indexVar + ") {" + "var " + loopVar + " = " + arrayVar +
          "[" + indexVar + "];";
      } else if (m = part.match(/^if (.*)/)) {
        code += "if (" + m[1] + ") {";
      } else if (part == "end") {
        code += "}";
      } else {
        code += "_out += " + part + ";";
      }
    } else if (part) { // Even elements are plain text
      code += "_out += " + JSON.stringify(part) + ";";
    }
  }
  return new Function("$in", code + "return _out;");
}
```

为了确定指令的位置，该函数简单地根据 # 号切分模板，将索引为偶数的部分当做纯文本，将索引为奇数的部分的元素（# 号之间的部分）当做模板指令。我们用正则表达式识别 if 和 for 指令。

所生成的代码中，_out 变量用于构造作为输出的字符串。之所以添加下划线是为了避免命名冲突，因为生成的代码和模板中的代码将混在一起。

为 for 指令构造循环，我们需要在生成的代码中额外引入两个变量：一个表示索引，另一个存放数组。我们用变量存放数组，以保证不论数组用什么表达式生成，都不必重复求取表达式的值，因为重复求值可能开销很大或有副作用。为了防止变量名相冲突，即使在嵌套的循环中，我们也为变量名（_i1，_i2 等）增加了计数器部分（uniq）。

最后，用 Function 构造器以我们生成的代码为函数体，以 $in 作为唯一的参数创建函数。

如果我们向模板编译器传入前面的示例模板，它将返回一个类似下面这样的函数（增加了空格）：

```
function($in) {
  var _out = '';
  _out += $in.title;
  _out += "\n==============\n\nItems on today's list:\n";
  for (var _i1 = 0, _a1 = $in.items; _i1 < _a1.length; ++_i1) {
    var item = _a1[_i1];
    _out += "\n  * ";
    _out += item.name;
    if (item.note) {
      _out += " (Note: ";
      _out += item.note;
      _out += ") "
    }
  }
  return _out;
}
```

我们若是稍微增强编译器的理解力（例如，上述代码用 += 连接的几处语句，编译器用 + 号连接），可使代码更整洁。但上述写法，你能看清楚模板实例化所需步骤。

再增加一些扩展，例如根据既定的输出格式（如 HTML），对插入到模板中的字符串做转义处理，或增加错误检查机制，我们可将上述代码打造为实用的模板引擎。

速度

领域特定语言，用到时再解释和执行也不迟。但是正如编译器编译后再执行程序，快于解释器边解释边执行程序，预先编译好模板较每次实例化时再解释模板的源代码，实例化速度更快。

如果暂时忽略模板语言包含 JavaScript 代码这一情况，我们可以不必用 new Function 编译。我们可以解析模板，构造一种数据结构，争取以较少的重复性工作快速实例化模板。但若想赶上前面所讲的编译后再实例化的速度，非下一番大力气不可。

JavaScript 的编译器（跟机器之间的联系更加直接）远比我们实现的简易编译器更为强大。因此首先将模板转换为 JavaScript 语言，然后将剩余工作交由更先进的同行（即 JavaScript 编译器）处理，我们就能以很小的工作量得到理想的结果。

用其他语言的编译器，运行自己的语言或标记语言，这种理念被广泛应用。各式各样编译成 JavaScript 的语言均采用了该理念。但它也适合小规模使用，比如为一门简单的语言编写轻量级的编译器，以解决某一特定问题。

混杂多种语言

前面的模板示例所用的模板语言虽然非常稚嫩，但却包含 JavaScript 代码，我们对这种情况再稍加探讨。从某种程度上讲，该模板是在句法上了做了扩展、以便适用于文本扩展的 JavaScript 程序。

该做法是好是坏，视情况而定。如果不信任模板的源代码，或是希望在不支持 JavaScript 的环境中使用该模板，那么无疑该做法不可行，因为模板的开发者可以向你的程序中注入任意代码。例如，在 Ruby 程序中使用这种模板就不合适。

但是我们在模板中确实获得了一门真正的编程语言所具有的全部表现力。另一种方法是定义一种简单的表达式语言，作为模板语言的一部分，解析表达式语言，在使用模板时解释它或将其转换为输出语言（我们这里自然是 JavaScript）。但是该方法也存在问题，比如工作量显然有所增加。此外，为了帮助开发者实现必要功能，该语言要提供足够多的功能，但同时还要保证不至于变得臃肿复杂，要在这两者之间取得平衡难度也不小。

我们熟悉 JavaScript，因此若只想渲染模板示例中 category 属性包含字符串 important 的项，输入 #if /\bimportant\b/.test(item.category)# 即可。如果要在子语言中表达该意思，我们要么不够幸运，该语言压根不支持字符串搜索，或者我们得首先查看 10 分钟文档，找到在该语言中表示字符串搜索的方法。

（有种牵强附会的看法，认为模板语言由于仅应包含表现逻辑，因此它们应比较弱小。对此我有两点看法：其一，表现逻辑可能很复杂；其二，这种看法好比是为了确保我不会用锤子敲螺丝钉，干脆把锤子拿走。虽然是为了强制应用好样式，但却牺牲了模板语言的其他能力，得不偿失。）

混用几种语言，“干净卫生”这个棘手的问题就会出现。生成的代码和模板中的代码在同一作用域运行。那么这两种来源不同的代码对特定变量名指代什么可能存在不一致看法。前面的简易模板编译器，生成类似 _a3 这样的变量，以避免与所引入代码中的变量相冲突。该方法虽在很大程度上能解决命名冲突问题，但显然远不够完美（#for _a1 in [1, 2, 3]# 引发冲突）。你还可以用更加复杂的变量名 (_$$_o_0_a3) 以进一步减少冲突，但该形式一点也不优雅。大量使用类似元编程方式的语言拥有解决该类问题的机制。JavaScript 虽没有，但是它对元编程的支持很少，因此命名冲突的情况较少见。

依赖和作用域

由于上文的模板编译器用 new Function 对模板代码求值，被求值的代码仅能看到全局作用域。

但如果模板中代码要访问日期格式化之类的函数该怎么办？或者，模板代码中被生成的部分需要用 HTML 转义函数对动态输出的部分进行转义处理，遇到这种情况又该怎么办？你可以将这些函数置于全局作用域。如果你使用 CommonJS (Node.js) 或 RequireJS 这类模块，其作用域的实现方式较新，要求非常严格，那么很不幸你将无法使用该方法。

解决上述问题的关键在于，虽然我们无法控制被生成函数将哪些内容封闭到自己的作用域，但是我们能够用另一个函数封装我们生成的函数，从而将要封闭的内容注入其中。

下面是该方案一个比较初级的实现：

```
function newFunctionWith(env, args, body) {
  var code = "";
  for (var prop in env)
    code += "var " + prop + " = $$env." + prop + ";";
  code += "return function(" + args + ") {" + body + "};";
  return new Function("$$env", code)(env);
}

console.log(newFunctionWith({x: 10}, "y", "return x + y;")(20));
// → 30
```

给定由变量和变量值组成的对象、一串表示参数的字符串和函数体字符串，该帮助函数（helper）的作用就像是 `new Function(args, body)`，只不过它确保了 `env` 对象的所有属性作为封闭变量对函数体是可见的。

上述代码生成一个外围函数（wrapping function），将其参数释放到局部变量中，对外围函数求值后，立即调用它。对于整数这种简单的变量值，它也可以直接将其字符串形式插入到外围函数 (`var x = 10;`)。然而，对于复杂的变量值，该方法不合适，因此我们需要将上下文对象传给被求值的代码，以便让其从上下文对象中抽取实际的变量值。

利用外围函数，模板系统可以允许模板声明自己的依赖、使用局部变量，只要用代码将其包裹进来即可。

对生成的代码调错

对生成的代码调错不是件容易事。你若是编写一个类似我们前面讲过的编译器，运行编译器很可能会遇到某种句法错误。虽然不同的 JavaScript 引擎在细节上有所差别，但如果抛出错误时给出了错误源头的相关信息，那么它们往往指向代码求值出错的那一行，而不是指向生成的代码。

这该怎么办？很不幸，我不知有什么好方法。一种方法是，让编译器函数在对代码求值前打印代码，自动调整格式，将其写到文件，并尝试加载代码。那么，错误信息至少指向代码出错的实际位置。

如果不是句法而是逻辑错误，也许没必要这么做。你也许只能在生成的代码中插入 `console.log` 或 `debugger` 语句。

真正糟糕的是，就像我跟大家讨论的模板系统，来自输入的代码跟生成的代码混杂在一起，该情况下调错是一个非常棘手的问题。对编译器调错，只要定位错误，调错并不难。与之不同的是，模板中的每处输入错误，都可能导致怪异、缺乏上下文的异常，它们将耗费你一整天的时间去调错。对于要求达到生产强度的系统，你可能想严格检查自己的模板。如今有多种优秀的 JavaScript 句法解析器（用 JavaScript 实现），编译时你可以用其解析模板中的表达式或语句，以可靠的方式判断它们是否可以被解析（前面代码中的 `#if $in.type == "#" #` 这样的指令将无法解析，因为它无法理解第 2 个被引起来的 # 号），遇到无法理解的句法，可给出有意义的错误信息（包括模板名称和位置）。

二进制模式匹配

我要展示的第 2 个示例，其模式在很大程度上与第 1 个相同：为了提升速度和表现力，我们将一门领域特定语言编译为 JavaScript。

Erlang 编程语言有一个功能，即支持通过指定一个字段序列的方式来匹配符合模式的二进制数据，每个字段为变量名或一个常数。变量被绑定到字段的内容上，常数则要与字段的内容相比较，以确定字段跟二进制数据是否匹配。该方法非常适合用来检查代码和从二进制数据块中抽取数据。

假如我们想用 JavaScript 实现类似功能。理论上讲，它大致可以表示为：

```
function gifSize(bytes) {
  binswitch (bytes) {
    case <<"GIF89a" width:uint16 height:uint16>>:
      return {width: width, height: height};
    default:
      throw new Error("not a GIF file");
  }
}
```

其中，`binswitch` 类似于 `switch`，只不过它匹配的是给定二进制数据块（假定是某一数据类型的数组）中的几个字段。该模式表示“开头的几个字节对应字符串 `"GIF89a"`，然后是绑定到 `width` 变量、长度为两个字节的无符号整数，最后是绑定到另一变量 `height` 的无符号整数。”这种绑定内容到变量的方法，在现代编程语言中很常见，是一个非常实用的功能。

如果你愿意做重量级的全文件预处理，可以自己实现支持如上代码的JavaScript方言。但是本章我们将寻找轻量级的解决方法，而不另外再去实现一门语言。我们需要寻找能使我们尽可能接近该目标的运算符，但是它们必须可以用JavaScript语言现有的句法来表示。

下面是我想出来的方案：

```
var pngHead = binMatch("'\x89PNG\\r\\n\x1a\\n':str8 _:uint4 'IHDR':str4 " +
                       "width:uint4 height:uint4 depth:uint1");

function pngSize(bytes) {
  var match;
  if (match = pngHead(bytes, 0))
    return {width: match.width, height: match.height};
  else
    throw new Error("Not a PNG file.");
}
```

模式被预先从字符串编译为函数，非常类似前面的模板示例。模式字符串包含任意数量的 `binding:type` 对，其中 `type` 是 `str` 或 `uint` 这样的词，后面再跟一个表示字节数量的数值，`binding` 可以是 _（下划线），表示忽略该字段，也可以是字面量（当且仅当变量等于字面量时，模式匹配才成立），还可以是存储变量值的字段名。

位于该模式开始位置，生得非常丑陋的字符串包含着PNG头部的前8个字节。模式中的两道反斜线是必要的，因为在生成的代码中，该字符串的内容被解释为字符串字面量（再次），因此它不应该包含任何原始换行符。用于识别文件的字符串后面，是一个4字节的字段，不用管它，请接着往后看，字符串 'IHDR' 表示图像头部的开始，然后依次是表示宽、高和色位深度的字段。

`binMatch` 生成的函数，接收一个 `Unit8Array` 和一个表示偏移量的整数，如果匹配失败，返回 `null`；匹配成功，则返回包含有所匹配数据的对象。返回的对象还有一个 `end` 字段，表示匹配结束位置的字节偏移量。

下面是匹配数据编译器的核心代码。它很小巧：

```
function binMatch(spec) {
  var totalSize = 0, code = "", match;
  while (match = /^([^:]+):(\w+)(\d+)\s*/.exec(spec)) {
    spec = spec.slice(match[0].length);
    var pattern = match[1], type = match[2], size = Number(match[3]);
    totalSize += size;
```

```
      if (pattern == "_") {
        code += "pos += " + size + ";";
      } else if (/^[\w$]+$/.test(pattern)) {
        code += "out." + pattern + " = " + binMatch.read[type](size) + ";";
      } else {
        code += "if (" + binMatch.read[type](size) + " !== " +
          pattern + ") return null;";
      }
    }
    code = "if (input.length - pos < " + totalSize + ") return null;" +
      "var out = {end: pos + " + totalSize + "};" + code + "return out;";
    return new Function("input, pos", code);
  }
```

上述代码用正则表达式匹配单个 pattern:type 元素，解析输入的字符串（粗犷，没有错误检查机制）。对于通配符 (_) 模式，生成向前移动偏移位置 (pos) 的代码。对于其他模式，该函数使用 binMatch.read 帮助函数（稍后会讲）生成一个表达式，用当前位置的字节构造一个 JavaScript 变量值。对于字面量，则生成一个 if 语句，如果得到的变量值与字面量不匹配，则返回 null。

最后，在函数的起始位置，生成另一个条件语句，以验证数组是否有足够的字节来匹配给定模式。该函数还添加了初始化和返回输出对象的代码。

下面是该例所需的类型解析（type-parsing）函数：

```
binMatch.read = {
  uint: function(size) {
    for (var exprs = [], i = 1; i <= size; ++i)
      exprs.push("input[pos++] * " + Math.pow(256, size - i));
    return exprs.join(" + ");
  },
  str: function(size) {
    for (var exprs = [], i = 0; i < size; ++i)
      exprs.push("input[pos++]");
    return "String.fromCharCode(" + exprs.join(", ") + ")";
  }
};
```

给定长度，它们返回一个包含表达式的字符串，该表达式将向前推进 pos 变量所表示的位置，并生成一个属于某一特定类型的变量值。请注意 uint 是大端类型（big-endian）的数据（网络字节顺序），很显然我们可扩展它，使其支持小端类型 (uintL)，解析前面示例中的 GIF 图像数据以及有符号类型 (int、intL)，我们需要使用这种数据类型。

上述编译器还可以做进一步优化。例如，编译时挑出字符串字面量和整数，并将其转换为字节，然后逐一比较，而不是将它们组合为一个值后再比较。还可以先检查某一模式的所有字面量，然后再抽取要输出的字段。如果匹配失败的话，尽可能减少匹配工作量。这是静态元编程一个非常好的特点：用作输入（该例中的模式字符串）的静态部分，使我们能从一个较高的层级了解预期的动态行为，我们可据此选择编译策略。若运行时再解释这类模式，选择策略的余地将会变得非常小。

如想测试以上代码，可用下面这个简短的HTML页面，引入前面讲的JavaScript代码，选择一个 PNG 文件，程序将会用 console.log 打印出其大小：

```
<!doctype html>
<script src="binMatch.js"></script>
<input type="file" id="file">
<script>
  var pngHead = binMatch("'\x89PNG\\r\\n\x1a\\n':str8 _:uint4 " +
                         "'IHDR':str4 width:uint4 height:uint4 depth:uint1");
  document.getElementById("file").addEventListener("change", function(e) {
    var reader = new FileReader();
    reader.addEventListener("loadend", function() {
      var match = pngHead(new Uint8Array(reader.result), 0);
      if (match)
        console.log("Your image is ", match.width, "x", match.height, "pixels.");
      else
        console.log("That is not a PNG image.");
    });
    reader.readAsArrayBuffer(e.target.files[0]);
  });
</script>
```

二进制模式编译器，将作为输入的（字符串）一部分代码（字面量）直接插入到生成的代码中（未检查代码的干净程度），可被用于向系统插入代码，比如蓄意利用用户的输入构造模式字符串。使用 eval 类的结构体时，一定要花点时间从该角度思考下。模板编译器等工具应该赋予子语言运行任意代码的能力。对于其他工具，比如二进制模式编译器，非但不应该赋予它这种能力，并且最好还要确保二进制模式编译器无法被恶意利用。检查字面量的句法形式是否遵从 JavaScript 字面量的要求，或定义和解析我们自己的字符串和数字（也可以消除双反斜线的问题），并且不要从模板插入任何原始、未解析的代码，可以有效地防范代码注入攻击。

最后的一些想法

我所幻想的用于模式匹配的句法形式和我们实际实现的，在便捷程度上存在着较大差别。我们没有优雅地以行内形式表达模式，而是不得不提前构造好模式，以确保只构造一次。因为如需多次匹配，每次运行时重新解析和编译模式，将会带来严重的资源浪费。我们没有将模式中的变量绑定到局部变量，而是不得不将其存储到一个对象之中。

如果你确实是解析二进制数据，我们实现的编译器对于不是非常完美的接口来说足够了。但是我用该示例想表达的是，当你尝试将基于 eval 的抽象方法发挥到极致时所遇到的障碍。

有一种模式不存在这个问题，将一种领域特定语言编译成 JavaScript 代码。有些语言可表示类似 JSON 形式的复合数据而不只是普通的字符串（例如，用嵌套对象表示的决策树）。

令人尴尬的是领域特定语言和周边代码的交互。它们不能混合使用，因为我们要求只编译一次，而使用领域特定功能的代码通常会运行多次。

外部依赖较少的小段代码可作为领域语言的组成部分。有时你甚至可以在源数据结构中引入闭包，以便访问局部作用域，即使这样做也不能封闭调用某一功能时所接收的数据，而只是封闭跟被编译代码具有相同生命周期的数据。

因此，很多领域特定语言最好用解释而不是编译的方法来表示。jQuery 是用 JavaScript 实现的成功的解释型领域语言当中的一个好例子，它以链式形式将方法连接在一起，操作 DOM 非常简洁。若是将其作为编译型语言来执行，这种抽象方法则完全不实用（尽管可能更快）。

以下情况应考虑使用编译型领域特定语言：

- 你正在编写含有大量重复代码、代码密度低的代码块。
- 性能很重要。
- 函数中的代码块可以方便地剥离出来。
- 你能想到一种更简短、优雅的标记方法（notation）。

第3章

小兔子的画法

Jacob Thornton

本章不是讲怎么用 JavaScript 画兔子。

本章要讲的是 JavaScript 这门语言，以及画“兔子”和画“小兔子”两者的含义有何不同。

本章不是教程，它是注解，本章乃是戏说 JavaScript。

什么是兔子？

> 一只粉红眼睛的白兔突然跑近她，这时她正在想（大热天，她感到昏昏欲睡，脑子有点发木，她只好竭力地去想）编织雏菊花环的乐趣是否值得她爬起来去采摘雏菊。
>
> —— 节选自 Lewis Carrol 所著的《爱丽丝漫游仙境记》第 1 章“掉进兔子洞”

本章所讲的兔子是一种动物，你也许会在田地、森林或宠物店见到它们。它们喜群居、以植物为食，尾巴短，耳朵柔软。它们是实实在在的兔子。“兔子”不会自言自语。“兔子”不会迟到。从现在开始，我们再提到“兔子”指的就是日常生活中的普通兔子。

为了本章讲解的需要，我们用“画兔子”代指使用各种绘画技巧，绘制与真实的兔子无法分辨真假的图画。我们力求使得图画的真实感能达到照片的水准。画兔子要严格参照真实的兔子，争取达到惟妙惟肖的效果。

画兔子是一个技术性很强的活，需按照规格要求来作画。兔子的画法有正误之分。

你画兔子，画的一定是某只兔子。你所画之兔与兔模特之间有任何偏差，都将被视为错误。你画的兔子与模特越像越好。

什么是小兔子？

> 过了一会，她听到远处传来嗒嗒的脚步声，她匆忙擦干眼泪去看是什么向她跑来。原来是白兔（White Rabbit）回来了，他穿得光彩照人，一只手攥着一副儿童手套，另一只手握一把大扇子：他一路狂奔而来，自言自语道："哦！公爵夫人，公爵夫人！哦！让她久等，岂不是要惹她大怒！"
>
> ——节选自Lewis Carrol所著的《爱丽丝漫游仙境记》第1章"掉进兔子洞"

"小兔子"不只是一只年幼、可爱的兔子。

小兔子是一个衣着华丽的抽象体。它是对兔子滑稽的模仿，它的首要身份不是兔子。它是一个象征。

大众文化中有几个小兔子的经典形象：兔八哥、劲量兔子等。这些图标首先代表的是角色自身，其次才是兔子（甚至还要靠后）。在这些形象中，兔子的身份被绑架，转而服务于一个新的占统地位的身份。

“画一只小兔子”是指在另一个业已存在的身份（兔子）的松散约束之下进行发挥，以创建某种全新的形象。“小兔子”这个词蕴含着不那么严肃的意思，从而削弱了兔子这一严格结构的束缚，有利于推动在创意方面的探索和表达。

上图是纽约通信艺术家Ray Johnson创作的小兔子头。

> 1964年1月，Ray Johnson给朋友William (Bill) S. Wilson写了一封信。他署名后在旁边画了一个小兔子头。这一形象迅速流传开来，成为Johnson首用签名和表达他某天心情的“自画像”。Johnson还将这个小兔子头作为他作品中的其他“角色”以及“How to draw”（绘画之法）系列之一的主角。
>
> —— Frances F.L. Beatty，Ph.D. The Ray Johnson Estate

你画的小兔子像一只真实的兔子没有问题。对于Johnson而言，小兔子不再是兔子，而是变为表达其他形象的工具；一种实现创意的手段，一种尽情发挥的练习，同时也是想象力、发明和创意方面的练习。

绘画和JavaScript有什么关系？

JavaScript语言富于表现力。

JavaScript的表现力是对按字面意思编译程序这一逻辑的超越。表现力是指适合我们人而不是机器去阅读和理解的表达方式。JavaScript的表现力使得开发人员可以借助它来发声。它是开发者为其代码注入语义价值的一种方式：不同的风格、方言和个性。JavaScript在语言方面的内在潜力，正是我们开始看到“小兔子”出没的原因所在。

JavaScript编程中的画兔子，是指照搬书本和课件中的模式，模仿博客文章中代码的特定风格，更多的是重用已有的形式和表达方式。而画小兔子则是指去实验、发掘该语言的其他形式，然后将这些形式以新方式组合起来，实现想要的功能。

用JavaScript画小兔子，你是在做游戏，非常有趣。它将挑战和加深你和社区对这门语言的理解。它为老难题提供新的、可能的解决方案，并暴露出原有假设的缺陷。它为你和你写的代码建立起私人关系。它使编写JavaScript成为一门手艺，甚至是艺术。阅读软件代码成为满足个人目的的一件乐事。它为你的程序培养了一个读者，从此不只是编译器阅读你的代码。代码的意图更加明确，一致性有所提高。在这个过程中，你成长为一名开发者。

请带着对以上内容的思考，想想下面这个检查属性是否存在的条件语句该怎么写；若属性不存在，调用相关方法设置该属性。传统的实现逻辑类似于：

```
if (!this.username) {
  this.setUsername();
}
```

上述表达式的逻辑解读如下：如果用户名不存在，设置用户名。其实你也可以用逻辑或运算符以更加简洁的方式来表达同一逻辑：

```
this.username || this.setUsername()
```

上述表达式表示，要么用户名存在，要么设置用户名。

这两个代码块功能相同，但表达方式不同，读起来给人的感觉也不同：第 1 种实现方式有一种精确和正式的感觉，而第 2 种简练、短小。画小兔子探讨的正是表达方式的变化。开发者学会使用不同的表达方式后，写的程序将开始显现出自己的声音或语气。

我们再来看一个简化代码的示例：查看数组是否包含某用户名，如不包含，将其添加到数组。上述逻辑可表示为：

```
if (users.indexOf(this.username) === -1) {
  users.push(this.username)
}
```

代码可解读为：如 `users` 数组中某用户名的索引等于 -1，那么将该用户名添加到 `users` 数组。

还可以用按位“取非”运算符表示上述语句。按位“取非”运算符对运算数的各位进行求非运算，将 -1 转换为 0（或假值）。上述逻辑可以简单地改写为：

```
~users.indexOf(this.username) || users.push(this.username)
```

该表达式解读为：用户名在数组里，或将其加到数组。

编程生涯，这样的表达方式写得多了，代码就会出现鲜明的节奏和时间特色。随着水平的提升，作为软件开发工程师的你开始有能力协调不同的乐句和旋律，将其添加到自己的软件之中，从而在项目层次形成一致节奏，在不同程序延续这种节奏将更加容易。

下面函数很简单，给定 x、y、w、h 和 placement 共 5 个参数，返回一个包含 top 和 left 值的 offset 对象。显然这种实现方式比较慢，带有一种从容不迫、稳重的节奏感（switch > case... case... case... case... return）：

```
function getOffset (x, y, w, h, placement) {
  var offset
  switch (placement) {
    case 'bottom':
      offset = {
        top: y + h,
        left: x + w/2
      }
      break
    case 'top':
      offset = {
        top: y,
        left: x + w/2
      }
      break
    case 'left':
      offset = {
        top: y + h/2,
        left: x
      }
      break
    case 'right':
      offset = {
        top: y + h/2,
        left: x + w
      }
      break
  }
  return offset
}
```

上述函数和下面这个函数，两者性能虽有所不同，但差别并不明显，它们的不同更多地体现在对开发者认知速度的影响上。下述函数返回相同的结果，但节奏更快、更简洁 (return > this/that、this/that、this/that):

```
function getOffset (x, y, w, h, placement) {
  return placement == 'bottom' ? { top: y + h,   left: x + w/2 } :
         placement == 'top'    ? { top: y,       left: x + w/2 } :
         placement == 'left'   ? { top: y + h/2, left: x       } :
                                 { top: y + h/2, left: x + w   }
}
```

第 3 个函数关注的是返回对象自身，将我们期望返回的属性“top”和“left”提到前面，这样做甚至能进一步加快代码的节奏感。在对象属性求值过程应用条件选择，节奏更加复杂，：

```
function getOffset (x, y, w, h, placement) {
  return {
    top  : placement == 'bottom' ? y + h :
           placement == 'top'    ? y     : y + h/2,
    left : placement == 'right'  ? x + w :

           placement == 'left'   ? x     : x + w/2
  }
}
```

你已逐渐意识到，表达方式对我们阅读软件代码能起到引导作用。JavaScript 支持以多种表达方式实现同一功能，这种变化多端的潜力既适合实验，也适合把玩，因而我们应予以拥护而不是贬斥。

表达形式多样，哪种正确？

想象有如下场景，请几位成年人坐到一间屋子里，向其展示一张兔子的真实照片，并提供齐全的绘画材料。请每人画一幅兔子。

由于他们接触绘画技艺的程度不一而同，因此很可能你收上来的画作水平参差不齐，有的粗糙，有的技艺不凡。

多样性成为衡量大家绘画经验欠缺程度的一把尺子。换句话说，如果人人擅长绘画，那么每个人的作品应像照片一样逼真，与兔子的照片放在一起，应该难以区分；也就是大家不会对兔子原本的形象做任何改动。

这是因为画兔子是要练习一个人的复制、感知和模仿能力。因此正确答案是唯一的，并未赋予他们发挥创意的余地。

你刚才若是要求他们画小兔子又会怎样？

可以说，该要求一出，他们立刻觉得自由发挥的空间较大，对严格、精确地再现照片要求不高。画小兔子是指画类似兔子的东西。评判小兔子画的如何极其困难，因为顶多只是要求有几分像兔子即可。

你要求他们画小兔子，收上来的作品与要求画兔子时交上来的作品不同，作品千姿百态。画小兔子就是要拥抱多样性，依靠多样性。注意，这儿的多样性不再表示大家水平参差不齐的程度，也不再有否定意味。相反，它象征着在不受限制的前提下自由发挥的潜力有多大，因此可用来衡量创造力和想象力的大小。

画小兔子要去尝试多种多样的方法，用新方法来画兔子，与兔子原本的形象保持几分相似即可，同时要对原有形象发出挑战。

我们以立即执行函数表达式（IIFE）作为例子。按照惯例，IIFE 不外乎以下两种形式：

```
(function (){})()
(function (){}())
```

如果要画小兔子，我们要打破传统，而不是遵循传统，积极使用不同的表达方式，一种表达方式不会绝对地优于另一种。带着这种认识，我们来看下面这些 IIFE 的写法：

```
!function (){}()
~function (){}()
+function (){}()
-function (){}()
new function (){}
1,function (){}()
1&&function (){}()
var i=function (){}()
```

以上每种写法均有独到的优势，有的字节数更少，有的对于拼接操作更安全。这些写法都是合法、可执行的 JavaScript 语句。

对课堂教学有怎样的影响？

学校所能安排的年级就那么多，因此我们在校读书的时间很有限，学校遂用大部分时间教我们画兔子。

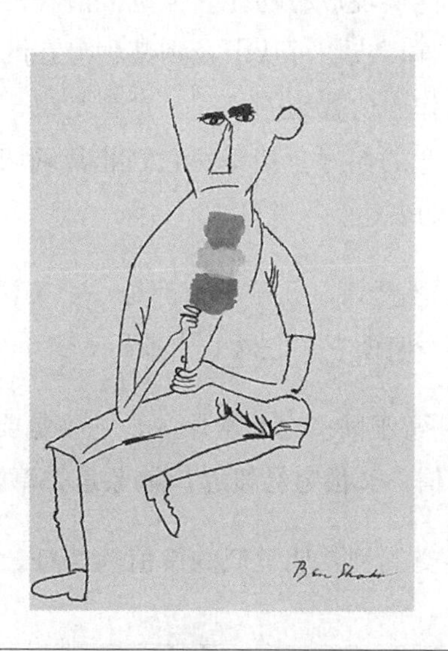

如果你上过美术课，你几乎一定画过一截木头。你花过几小时为一块水果涂阴影。你学过比例和透视。老师曾教过你将物体拆解为称之为网格的工具。经过几个月高强度的学习之后，你画的苹果开始有那么点意思，看起来更像眼前的真苹果了。

可以肯定的是，这种教学方法并不坏。事实上，还非常好。这些练习为你日后构建更复杂的结构打下了基础。进一步来讲，你还可以深入研究这些工具，并以非常有趣的方式将其功能发挥到极致。这些工具最大的好处可能是引入传统技艺和一门新语言，为你和同仁提供了交流的基础。

学生若把这些工具看成是绝对的，比如这是做 X 的正确方法，那是做 Y 的唯一方法，那么问题就会浮出水面。你也许已经意识到，这种绝对主义会滋生出自大和自恋倾向，营造与同行对着干的氛围。

这是艺术吗？为什么它很重要？

> 可以肯定地讲，不论画什么，你画的不仅是目标对象。你在画你想记录的物体的同时，也是在画自己，因为绘画具有双重功效。例如，看到伦勃朗画的人物画，我感觉自己对伦勃朗的了解，比起他所画的模特更多。
>
> ——Francis Bacon，来自 David Sylvester 对他的采访

下面请简要思考过去这一年我贡献过代码的两个库：Ratchet（*http://bit.ly/sliders_ratchet*）和 Bootstrap（*http://bit.ly/carousel_bootstrap*）。

就功能而言，这两个库都能实现应有功能。但它们潜在的音调非常有趣，或者说，它们所具有的潜力非常有趣，我们可从中找到某种潜在的音调，这种音调与我们期望在绘画、音乐或创意写作中所找到的相同。也就是说，两个项目风格方面的差异不只是出于开发者有意无意的偏好。相反，它们非常确切，开发者有意这样表达，它们是某种特定情绪持续的表达。

Bootstrap 读起来很有趣，不严肃，几乎每行都是一个笑话。它尝试打动你，它喜欢找捷径，它吸引你一遍又一遍读它，它既非常流行，又非常乐观，前卫且幽默。

Ratchet 库的代码风格则非常不同。它非常保守，它不是要吸引开发者的注意力，它非常明确，具有必要的自信，又很容易接近，就像是香草奶昔。

艺术以模仿、表达、情感交流和其他类似的价值为特征。以富于表现力的形式编写

的软件同样是一种艺术表达。认识到这一点，还会强化我们对画小兔子所具有的重要性的认识，因为这种练习能拓展人们的创艺和表达能力，程序员由此可形成个人见解和开发风格，同时还有助于加强他们之间的交流和探索，培养他们的想象能力。

沿着这条主线，我的好友 Angus Croll 一直在探索如何以更加富于创意的形式编写代码，他写了一系列文学巨匠如何写 JavaScript 的文章（*http://bit.ly/hemingway_js*）。他在文章中编写了多个返回给定长度的斐波那契序列的函数，每个函数模仿一位文学大师：海明威、布勒东、莎士比亚和蒲柏。他写的函数充满喜剧气氛，但出发点是一致的：

> JavaScript 的乐趣根植于它缺乏严格的规定和无限的可能性。自然语言的潜力与之相似。最好的作家和 JavaScript 开发者是那些每天不断探索和实验这门语言，并形成了自己的风格、用词和表达方式的人。
>
> —— Angus Croll 的文章“如果海明威写 JavaScript”

美丽的 JavaScript 代码是一门艺术，读它能体会到它的一致性；你应该能够从不同表达方式中体会到这种感觉。它不仅仅是执行逻辑，它还与如何形成节奏并多少表现出一点自我有关。开发软件所用的 JavaScript 代码是否有美感，关系到你的自豪感。

这看起来像什么？

1945年，毕加索发布了一套名为“水牛”的版画，共包含11幅。在这一系列作品中，他对水牛的形象进行解构，从最开始的写实到用线条构图的简笔画，每幅版画逐渐削减水牛的形象并重新构图。

这组画最为有意思的地方在于版画之间的演变。毕加索开始先用刷子、以写实手法作画，接着以夸张的手法表现出水牛的体型特征。将水牛形象解析成线条画之前，先增加其表现力。然后，他又沿着水牛肌肉和骨骼的轮廓，削减冗余部分，最终将其简化为线条画。毕加索的画法被认为是抽象画法登峰造极的水平，它也是毕加索实践画小兔子的一个经典案例。

这种抽象练习也适用于JavaScript。

我在Twitter工作期间，曾有幸跟Alex Maccaw一道工作。我们就面试哲学和面试时该问哪些代码方面的问题有过多次交谈。

有一次他提到，电话面试环节，他一上来总是问下面这道题。从那之后，我也这么做。

这个问题是，请根据以下条件语句，给出explode的定义：

```
if ('alex'.explode() === 'a l e x') interview.nextQuestion()
else interview.terminate()
```

该问题有多种答案。我们首先来看最烦琐的：

```
String.prototype.explode = function () {
  var i
  var result = ''
  for (i = 0; i < this.length; i++) {
    result = result + this[i]
    if (i < result.length - 1) {
      result = result + ' '
    }
  }
  return result
}
```

上述代码块很臃肿。为了与其他实现方式作对比，故意这么写。该方法一点也不聪明。它极易成为程序员最可能想到的方法。

简单讲讲上述代码的逻辑，声明变量i和result，遍历字符串，将其字符拼接到result的后面，并根据条件在两个字符之间添加空格，最后返回result。

该方法确实能实现我们想要的效果。但再来看一种更聪明的实现方法：

```
String.prototype.explode = function (f,a,t) {
  for (f = a = '', t = this.length; a++ < t;) {
    f += this[a-1]
    a < t && (f += ' ')
  }
  return f //ollow @fat
}
```

如果你编写上面这种代码，别人会憎恨你的。这样写确实能实现效果，但它看上去像是在捉弄你。拿语言要酷，伤害的是读者。它考虑了方方面面，只是没顾及自己的实现逻辑别人看不懂，但它是美丽的（在我看来）。

上述代码块，我们将变量作为伪参数（pseudo argument），从而把变量的作用域限定到该函数。这三个参数合起来刚好是我的 Twitter 用户名。`for` 循环将 `f` 和 `a` 设置为新字符串，这样做可以少用几个字符。在后面的表达式中，用 `++` 对 `a` 强制转换类型，将其转换为 1，并与 `t` 进行比较。下一行代码，对字符串执行索引操作之前，先为 `a` 减少 1，使循环从 0 而不是 1 开始。然后根据条件在得到的字符串后添加空格，循环结束后，返回结果。

下面这种解决方案是目前最简单的，它严重依赖 JavaScript 语言的现成方法。但令人惊奇的是，在真实的面试场合这种答案不是很常见：

```
String.prototype.explode = function () {
  return this.split('').join(' ')
}
```

上述解决方案将引出下一个问题。它很聪明，但并未过头，它很大胆、成熟。如果之前的方案很粗鲁，这一个则温文尔雅。

最后这种方法绝对最简单：

```
String.prototype.explode = function (/*smart a$$*/) {
  return 'a l e x'
}
```

我从未遇到过有人这么回答。

我刚读了些什么内容？

如果在 JavaScript 编程中，画兔子指的是复制书中的模式或仿照博客中代码的特定风格，画小兔子则是指实验和带有创意的表达。

画小兔子就要冲破语言的条条框框，画出你的风格或尽可能将其表达出来。它练习的是你的发现能力，它不断推动你对这门语言的理解，它是对你的 JavaScript 技艺的强化和挑战。

编写 JavaScript 程序时画小兔子，就好像你一直在快乐地玩耍，你的技艺也会随之逐渐提升。

第 4 章

太多的绳子或 JavaScript 团队开发

Daniel Pupius

美即是力量和优雅，恰当的行动，合适的功能，智慧和理性。

—— Kim Stanley Robinson, *Red Mars*

JavaScript 语言很灵活。实际上，本书全部篇幅都在努力证明它的表现力和动态性。你将从中读到各种各样的故事，比如如何根据需要挖掘其潜力，如何实验或把玩。你还将学到如何以看似矛盾的多种方式编写 JavaScript 代码。

我的任务是给你讲一个劝诫意味更强的故事。

我先抛出问题：在团队中，编写 JavaScript 意味着什么？当你跟 5、10 或 100 名同事为同一代码库提交代码，你如何保持头脑清醒？你如何保证新组员能快速熟悉原有代码？不强迫使用抽象方法的前提下，如何保证 DRY[译注 1] 原则的贯彻？过分强调抽象，会导致其实现变得支离破碎。

了解代码的读者

我于 2005 年加入 Gmail 团队，工作地点在加利福尼亚州阳光明媚的山景城。当时团

译注 1：DRY，来自英文“Don’t repeat yourself”，意思是编程中避免粘贴复制代码，不要重复做自己做过的事。

队正在开发的Gmail在很多人看来堪称是Web应用的巅峰产品。团队成员极其聪明，天赋很高，但谷歌公司普遍不把JavaScript看作是一门“真正的编程语言”。在谷歌，后端功能称为开发，Web UI算不上，这种心态影响到他们对JavaScript代码的看法。

此外，尽管JavaScript语言已有数十年历史，各种JavaScript引擎功能却仍旧非常有限：它们意在解决基本的表单验证，而不是用来开发应用。在用JavaScript开发的过程中，Gmail开始出现性能瓶颈问题。为了避开这些限制，Gmail应用的大部分功能都以全局函数的形式实现，避免使用任何需要点式查询的方法。用稀疏数组代替模板，且视字符串拼接为大忌。

该团队编写的代码首先且主要是考虑JavaScript引擎的编译能力，而不是写给自己或别人看。因此，代码库难以读懂，存在不一致现象，呈现出野蛮生长的态势。

我们决计用机器而不是手动优化代码，逐渐向代码是为人编写的这一阶段过渡。提醒一下，我们并未改用新语言来编写代码，原始代码必须是合法的JavaScript代码，以便理解、测试和共同开发。我们用Closure Compiler做过几轮优化，收缩命名空间，优化字符串，改用内联函数，删除僵尸代码。这些工作机器更擅长。经过优化，原始代码可读性更高，更易于维护。

小贴士

第1课：代码是为开发人员而写，机械的优化工作可借助工具来完成。

代码不妨写得直白些

有句古老的格言，调错难于写代码。倘若你写代码用尽了聪明才智，调错时不免有江郎才尽之感。

针对难以解决的问题，想出了晦涩难懂、神秘的方法可以说是非常有趣的，特别是JavaScript极高的灵活性赋予了开发者多种可能性。个人项目可以使用这类方法。代码的读者若是喜欢解JavaScript谜题，这么写也没问题。

作为团队的一员，你要编写每个人都能理解的代码，代码库的有些部分，你也许几个月都无法看到，直到有一天你需要解决一个生产问题时才看到某部分代码。或者，你可能刚招了一名经验尚浅的JavaScript程序员。对于上述情况，保持代码的简洁和易于理解，对大家都有好处。你肯定不想在凌晨2点钟解决生产环境的代码问题时，需要先解密一堆奇怪和神秘的咒语吧。

请思考以下代码：

```
var el = document.querySelector('.profile');
el.classList[['add','remove'][+el.classList.contains('on')]]('on');
```

同一行为的另一种实现方法：

```
var el = document.querySelector('.profile');
if (el.classList.contains('on')) el.classList.remove('on');
else el.classList.add('on');
```

第2段代码优于第1段，这样讲也许看上去跟“简洁 = 力量”的观念相冲突。但我认为“简洁”常用的同义词“紧凑”和“简短”与“简洁”其实有差别。

我更喜欢将“简练”作为“简洁”的同义词：

> 用更少的词，没有多余的词语，优雅地联系在一起，很连贯

第1段代码较第2段更紧凑，但第1段密集程度更高，实际包括更多的符号。读第1段代码，读到将数值运算符应用于布尔值时，你得知道强制类型转换规则如何使用。你还得知道，方法可以以下标的形式调用。此外，你还得注意到方括号可用于定义数组字面量和方法查询。

第2段代码虽则更长些，实际上要读者处理的句法更少。此外，它读起来更像是英语：“如果元素的类列表包含‘on’，那么从类列表删除‘on’；否则为类列表增加‘on’。”

说了这么多，其实更佳的解决方案是对该功能进行封装，这样做代码将变得非常简单，可读性强，还简洁：

```
toggleCssClass(document.querySelector('.profile'), 'on');
```

小贴士

第2课：保持简单；紧凑 != 简洁。

使用类继承

我跟其他语言的“正宗程序员”讨论问题时，他们往往抱怨 JavaScript 很糟糕。我通常这么回复他们：JavaScript 被误解了，一个主要问题在于，它给予开发者太多的绳索，因此他们最终不可避免地把自己吊死了。

JavaScript 语言肯定有些设计决策令人质疑，并且早期的引擎也确实很糟糕，但是 JavaScript 代码库扩展过程中出现的很多问题，都可以用标准的计算机科学的最佳实践来解决。其中大部分问题可归结到代码的组织和封装上。

但不幸的是，ES6 标准发布之前，我们还没有标准模块系统，没有标准的打包机制，依靠原型进行继承的这一模型迷惑了很多人，产生了无数不同的类库。

虽然 JavaScript 的原型继承机制支持基于实例的继承，你若是跟团队一起工作，如果你仍在用原型链，我建议你尽可能多地模仿类继承。请看下面例子：

```
var log = console.log.bind(console);
var bob = {
  money: 100,
  toString: function() { return '$' + this.money }
};
var billy = Object.create(bob);

log('bob:' + bob, 'billy:' + billy); // bob:$100 billy:$100
bob.money = 150;
log('bob:' + bob, 'billy:' + billy); // bob:$150 billy:$150
billy.money = 50;
log('bob:' + bob, 'billy:' + billy); // bob:$150 billy:$50
delete billy.money;
log('bob:' + bob, 'billy:' + billy); // bob:$150 billy:$150
```

该例中，billy 继承自 bob，实际上指的是 billy.prototype = bob，在 billy 中未查找到的属性将到 bob 上查找。换句话讲，一开始 billy 的 100 美元即是 bob 的 100 美元；billy 不是 bob 的一个副本。然后，当 billy 自己得到一笔钱，将覆盖它从 bob 那里继承来的属性。删除 billy 的 money 属性，并不是将其设置为 undefined，而是 bob 的钱再次变为 billy 的。

对新手而言，上述逻辑可能相当费解。事实上，开发人员可能很长时间都不知道原型式继承具体是怎么工作的。因此，如果你使用模仿类继承方式的模型，团队成员快速上岸的可能性将增加，他们没必要理解 JavaScript 语言的细节也能高效开发。

Closure 库的 goog.inherits 和 Node.js 的 util.inherits 简化了编写类似于类这样的结构，但是仍借助原型将存在继承关系的对象连接到一起。

```
function Bank(initialMoney) {
  EventEmitter.call(this);
  this.money = money;
}
util.inherits(Bank, EventEmitter);

Bank.prototype.withdraw = function (amount) {
  if (amount <= this.money) {
    this.money -= amount;
    this.emit('balance_changed', this.money); // inherited
    return true;
  } else {
    return false;
  }
}
```

这种方式非常类似于其他语言的继承。Bank 继承自 EventEmitter；在新实例的上下文中调用超类的构造器；util.inherits 打通原型链，类似前面讲过的 bob 和 billy 之间的原型链；那么，若查找 emit 属性，最终将在 EventEmitter“类”中找到。

建议读者练习不用 new 关键字，为一个类创建实例。

小贴士

第 3 课：你能这么做，并不意味着你应该这么做。

小贴士

第 4 课：利用熟悉的范式和模式。

风格指南

随着代码库和团队的成长，应注意保持风格的一致，并不是只有 JavaScript 语言应该这么做。很多其他语言对代码风格有着自己的严格要求，可是 JavaScript 非常宽容。这表明团队更有必要制定一套风格指南并要求大家严格遵守。

什么是好的风格指南，这个问题非常主观，难以界定，但很多情况下，某些风格要好于其他风格，这是可以衡量的。即使没有明显不同，任意选用其中一种，仍有其价值。

—— 小贴士

风格指南为团队提供一套通用的词汇，因此团队成员可只关注你讲的内容而不是讲话方式。

好的风格指南应该设定代码布局、缩进、空格、大写、命名方式和注释方面的规范。创建用法说明，解释最佳实践，提供公共 API 的用法说明，都是非常好的做法。重要的是，这些指南应该能够解释某条规则存在的原因；随着时间的发展，你可能想重新评估这些规则，应避免盲目崇拜。

用代码检查工具（linter）检查大家的代码以强制推行风格指南，可能的话再辅以代码格式化工具，删除为了遵守风格指南而使用的比较机械的步骤。代码评审，你不想把精力浪费在纠正代码中没有多大意义的细节上吧。

最终的目标只要一个，就是让代码看起来像是出自一人之手。

—— 小贴士

第 5 课：一致性是王道。

代码的进化

我刚开始用 Closure 库时，XMLHttpRequests 尚未有简单的实现方法；一切都是用大型、基于特定应用的请求工具来实现。

因此，我开发了质朴的 XhrLite 库。

XhrLite 很受欢迎（没有人想使用“重量级的”实现），但是用户不断用到我们未实现的功能。用户不停为其提交补丁，Xhr 累计为表单数据编码、JSON 解码、XSSI 处理、头部等添加支持，甚至解决了它在火狐 3.5 版本 Web Woker 中出现的难以琢磨的错误。

当然，带有讽刺意味的是“XhrLite”变为一个极其笨重的巨兽，最终我们将其改名为“XhrIo”。它的 API 依旧非常庞杂。

—— 小贴士 ——

小的变动（相对比较独立），逐渐进化为一个复杂的系统。在只有空白画布的情况下，没人能设计出这类系统。

软件开发，随着需求的演变，复杂程度逐渐上升再自然不过。但这一点在 JavaScript 开发中似乎格外显著。使用 JavaScript 进行开发，可以快速搭建、运行应用，因此它很受欢迎。不论开发简单的 Web 应用还是 Node.js 服务器，只用极简的开发环境和寥寥几行代码就能开发出具备一定功能的应用。这些特点非常适合刚开始学开发或快速搭建产品原型的开发者。对于处于增长阶段的团队而言，这些特点可能会导致项目根基脆弱。

你开始时编写简单的 HTML 和 CSS。你可能用 jQuery 添加事件处理器。随后，你添加了 XHR，也许你甚至开始使用 pushState。不久之后，你实际上实现了一个原本未打算要做的单页应用。性能问题初露端倪，开始出现代码运行紊乱的情况，代码中充斥着 setTimeOut 语句，出现了源头难以定位的内存泄露问题……你不由地去想是不是传统的 Web 页面可能会更好。你的应用就像是鸭嘴兽。

—— 小贴士 ——

第 6 课：打下良好基础。留意进化带来的复杂度方面的增加。

小结

JavaScript 之美在于它的无处不在，它的灵活性和可接近性。但是美是要考虑环境的。它是以“脚本语言”的身份被创造出来，现在则被 100 多人的大团队所采用，成为价值数十亿级美元产品的构建模块。这些场景，你当然不能像开发个人网站那样以同等方式编写代码。因此你需要注意……

1. 代码是为开发人员而写，机械的优化工作可借助工具来完成。

2. 保持简单；紧凑 != 简洁。

3. 你能这么做，并不意味着你应该这么做。利用熟悉的范式和模式。

4. 一致性是王道。

5. 打下良好基础。留意进化带来的复杂度方面的增加。

第5章

打造和谐模型的构造器设计技巧

Ben Vinegar

虽然JavaScript的MVC或MVW（模型、视图和“其他任何可行的部件”）框架千差万别，但从其名字可知，它们都为开发人员提供模型这个基础部件，为客户端[译注1]Web应用的相关数据建模。在客户端Web应用中，模型通常表示数据库支持的对象。

去年在Disqus工作时，我们用最小化MVC框架Backbone（*http://backbonejs.org/*）重写了内嵌的客户端应用。Backbone常因其“视图”层不够强大而备受批评，但它在模型管理方面做得非常好。

Backbone定义新模型的方法如下所示：

```
var User = Backbone.Model.extend({
  defaults: {
    username: '',
    firstName: '',
    lastName: ''
  },

  idAttribute: 'username',
```

译注1：客户端或称为用户端，指为用户提供本地服务的程序，与服务器端相对应。常见的客户端程序有网页浏览器、电子邮件客户端等。

```
  fullName: function () {
    return this.get('firstName') + this.get('lastName');
  }
});
```

下面的示例代码演示了新模型的初始化及其在应用中的使用方法：

```
var user = new User({
  username: 'john_doe',
  firstName: 'John',
  lastName: 'Doe'
});

user.fullName(); // John Doe

user.set('firstName', 'Bill');

user.save(); // PUTs changes to server endpoint
```

虽然上述示例很简单，但客户端模型其实可以非常强大，它们通常是（呃哼）任何规模不小的 MVC 应用的支柱。

此外，Backbone 提供有叫做“集合”（collection）的类，以帮助开发者轻松操作模型的一组实例。你可以将其想象为力量超级强大的数组，可方便地用功能函数加载：

```
var UserCollection = Backbone.Collection.extend({
  model: User,
  url: '/users'
});

var users = new UserCollection();

users.fetch(); // Fetches user records via HTTP

var johndoe = users.get('john_doe'); // Find by primary idAttribute
```

并不是所有的 MVC 框架都像 Backbone 那样实现了 Colletion 类。例如 Ember.js 虽定义了 CollectionView 类，并且与 Backbone 类似的是它也维护了一套通用模型，但是它被绑定到某个 DOM 表达式。且不提 API 之间存在差别，显然开发者通常要操作和渲染多组对象而不是某个对象。为了满足开发者的这一要求，各框架提供了不同的功能。

幽灵：同一模型有多个实例

你要是正在从事大型或中等规模的客户端应用开发，由数据库支撑的对象用多个模型实例来表示，这种情况很常见。某些数据若有有多个视图，那么一个模型可能出现在两个及以上视图中。

举个例子，我们引入两种新的用户集合：①粉丝，追随给定用户（比如社交网络中的用户）的人；②被追随的人。既是别人粉丝，又被他人追随的，将出现在这两个模型中，因此由同一数据库支撑的模型将产生多个实例。

```
var FollowingCollection = UserCollection.extend({
  url: '/following'
});

var FollowersCollection = UserCollection.extend({
  url: '/followers'
});

var following = new FollowingCollection();
var followers = new FollowersCollection();

following.fetch();
followers.fetch();

var user1 = following.get('johndoe');
var user2 = followers.get('johndoe');

user1 === user2; // false
```

同一模型有多个实例，主要有两个方面的缺点。

首先，虽然表示的是同一模型，你却不得不追加内存。单个实例消耗千字节内存是很合理的，具体消耗多少取决于模型的复杂度及其属性的多少。如果实例重复百儿八十次乃至成百上千次（对于长时间运行的单页应用，这种情况很常见），它们很快会占用大量内存。

其次，如果开发者或用户在客户端修改了模型某个实例的状态，该模型的其他实例无法同步修改。多种操作均可导致类似情况的发生，比如用户通过用户接口（UI）的操作修改了对象的状态，或其他用户发起的更新请求通过实时的服务发送到客户端：

```
user1.set('firstName', 'Johnny');

user2.get('firstName'); // still John
```

上面示例很简单，假定同一用户仅出现在两个不同集合中，通过手动设置新属性来更新两个实例很容易。但我们很容易联想到在复杂的应用中，更新实例有多难（同一用户对象也许存在于多个不同的集合），不只是粉丝和被追随者列表，还有通知、发表的内容和日志等。

如果每处实例能够自行更新，我们不用跟踪模型的每处实例，那就太棒了。或者，我们从一开始就避免使用多个实例，当然是最好不过了。

用工厂函数构造的微型模型

使用工厂函数新建模型示例，可解决多个实例的问题。如果工厂函数检测到模型实例已存在，它将返回已有实例：

```
var userCache = {};

function UserFactory(attrs, options) {
  var username = attrs.username;

  return userCache[username] ?
    userCache[username] :
    new User(attrs, options);
}

var user1 = UserFactory({ username: 'johndoe' });
var user2 = UserFactory({ username: 'johndoe '});

user1 === user2; // true
```

若想使用该模式，创建新实例时，必须用工厂函数。在自己的代码中使用这种方法还算比较简单。但在自己不具有管理权的代码库（比如第三方库和插件）强制推行该模式，则有一定困难。

我们拿 Backbone 源代码中的 `Collection.prototype._prepareModel` 函数举例。Backbone 用该函数“准备”并最终创建一个新模型实例，并将其添加到 Collection 中。该函数有多种调用方式，比如用 HTTP 资源返回的模型填充 Colletion 时。

```
// Prepare a hash of attributes (or other model) to be added to this
// collection.
Backbone.Collection.prototype._prepareModel = function(attrs, options) {
  if (attrs instanceof Model) {
    if (!attrs.collection) attrs.collection = this;
    return attrs;
  }
```

```
    options || (options = {});
    options.collection = this;
    var model = new this.model(attrs, options);
    if (!model._validate(attrs, options)) {
      this.trigger('invalid', this, attrs, options);
      return false;
    }
    return model;
  };
```

上述代码中这一行尤其重要：

```
var model = new this.model(attrs, options);
```

该行代码实际上为与 Collection 相关联的模型创建一个新实例。

`this.model` 指向 Collection 所封装的模型类（model class）的构造器。像之前那样，定义一个新 Collection 类时，指定模型：

```
var UserCollection = Backbone.Collection.extend({
  model: User,
  url: '/users'
});
```

我们可以将 `UserFactory` 类（返回唯一模型实例的工厂函数）传入 Collection 的定义，而不是传入 User 类，这一点非常好用：

```
var UserCollection = Backbone.Collection.extend({
  model: UserFactory,
  url: '/users'
});
```

然后，将 `UserFactory` 赋给 `this.model`，当 Collection 创建新实例时，UserFactory 类将由 `new` 运算符调用。

```
var model = new this.model(attrs, options); // this.model is UserFactory
```

但是请稍等。我们刚刚用 `new` 运算符调用 `UserFactory`，但之前可不是；当时是直接调用 `UserFactory`。所以你可能会心存疑惑，这种新方法也可以吗？

事实证明，的确可以。

构造器身份危机

对函数应用 new 运算符，究竟发生了什么？答案如下：

1. 创建一个新对象。
2. 将对象的 prototype 属性设置为构造函数的 prototype 属性。
3. 调用构造函数，将 this 赋给新创建的对象。
4. 除非构造函数返回非原始值（nonprimitive value），否则将返回对象。若构造函数返回非原始值，则返回该非原始值。

最后一步处理得干净利索。若构造函数返回非原始值，该值便为 new 运算的结果。既然 UserFactory 返回非原始值，那么以下两种运算方法的返回值相同：

```
var user1 = UserFactory({ username: 'johndoe' });
var user2 = new UserFactory({ username: 'johndoe '});

user1 === user2; // true
```

new 运算符的这一特性非常好用。实际上你可以抛弃用 new 创建的模型，并返回你想要的，我们想返回唯一的用户模型实例。

支持扩展

上述示例中的工厂函数 UserFactory 功能单一；它只是保证了 User 实例的唯一性。虽然它超级好用，但是很可能其他模型我们也想保证其唯一性。因此，最好有一个适用于任何模型类的通用封装器。

我们接下来要讲 UniqueFactory 这个函数。实际上，它是一个用 new 运算符调用的构造函数，以普通的 Backbone 模型类作为输入，返回封装好的构造函数，可生成模型类的唯一实例。

例如，UniqueFactory 函数实际上可生成一个 UserFactory 类：

```
var UserFactory = new UniqueFactory(User);

var user1 = UserFactory({ username: 'johndoe' });
var user2 = new UserFactory({ username: 'johndoe '});
```

```
user1 === user2; // true
```

UniqueFactory 函数的实现方式如下所示：

```
/**
 * UniqueFactory takes a class as input, and returns a wrapped version of
 * that class that guarantees uniqueness of any generated model instances.
 *
 * Example:
 *   var UniqueUser = new UniqueFactory(User);
 */

function UniqueFactory (Model) {
  var self = this;

  // The underlying Backbone Model class
  this.Model = Model;

  // Tracked instances of this model class
  this.instances = {};

  // Constructor to return that will be used for creating new instances
  var WrappedConstructor = function (attrs, options) {

    return self.getInstance(attrs, options);
  };

  // For compatibility with Backbone collections, our wrapped
  // model prototype should point to the *actual* Model prototype
  WrappedConstructor.prototype = this.Model.prototype;

  return WrappedConstructor;
}

UniqueFactory.prototype.getInstance = function (attrs, options) {
  options = options || {};

  var id = attrs && attrs[this.Model.prototype.idAttribute];

  // If there's no ID, this model isn't being tracked, and
  // cannot be tracked; return a new instance
  if (!id)
    return new this.Model(attrs, options);

  // Attempt to restore a cached instance
  var instance = this.instances[id];
  if (!instance) {
    // If we haven't seen this instance before, start caching it
    instance = this.createInstance(id, attrs, options);
  } else {
    // Otherwise update the attributes of the cached instance
    instance.set(attrs);
```

```
    }
    return instance;
  };

  UniqueFactory.prototype.createInstance = function (id, attrs, options) {
    var instance = new this.Model(attrs, options);
    this.instances[id] = instance;

    return instance;
  };
```

我们再仔细研究一番 UniqueFactory 构造器，它采用了一些技巧。

首先做一下简要回顾，我们打算用 new 运算符调用 UniqueFactory，创建一个新对象，并将其赋给 this（立即用别名 self 代替）。构造器 UniqueFactory 新建一个函数 WrappedConstructor，其函数签名与 Backbone.Model 构造函数相匹配。但是 WrappedConstructor 函数调用的是我们刚创建的 UniqueFactory 实例的 getInstance 原型方法，而不是调用实际的构造器：

```
var WrappedConstructor = function (attrs, options) {
  return self.getInstance(attrs, options);
};
```

然后，在 UniqueFactory 函数的最后，返回 WrappedConstructor。我们再次决定忽略 new 操作符创建的对象，返回一个完全不同的对象，甚至还是个函数。

这表明调用 UniqueFactory，实际上返回的是我们封装的构造器：

```
var UserFactory = new UniqueFactory(User); // WrappedConstructor
```

然而这一次，我们实际上用到了 new 运算符创建的对象。我们只是没有返回它。但它仍然存在：它位于 WrappedConstructor 函数（self）创建的闭包中。

讲了这么多，你明白了吗？

这种实现方式挺有趣。尽管它并不完美，我还是介绍给你，好让你明白 new 运算符还可以这么用，非常有意思，但有点费解。构造函数使用 new 创建的对象的同时，还可以返回一个全新的值。

> ### 留意内存泄漏
>
> 利用工厂函数实现模型唯一实例，我掩盖了一个重要细节：它们维护了不断增长的模型实例的全局缓存。因为即使实例不再需要，也不会从缓存中删除，它们持续占用内存（或至少占用到页面刷新时）。
>
> 举个说明，假如我们用 Model.prototype.destroy 销毁某个模型的唯一实例：
>
> ```
> (function () {
>   var user = UserFactory({ username: 'johndoe' });
>
>   user.destroy(); // sends HTTP DELETE to API server
> })();
> ```
>
> 尽管变量 user 在声明它的函数作用域之外不存在，尽管 *johndoe* 这条记录在服务器上已销毁，但是该实例在 UserFactory 实例的缓存中仍然存活。
>
> 对于长期运行的单页应用来说，这尤其糟糕。理想的实现应该“跟踪”实例的创建和释放，并且在不需要时，将其从缓存中删除。

小结

本章，我们界定了由数据库支撑的同一对象出现在多个 collection 时，哪些问题会影响应用的“唯一性”。我们经过探索为其找到一个强大的解决方案：用函数封装类构造器，并保证任何返回对象的唯一性。最后，我们介绍了一个功能函数 UniqueFactory，它可生成具备唯一性的模型类。

本章介绍的内容并不是 JavaScript 所独有的。利用工厂方法返回唯一实例，是一种被证实了是正确的模式，可以并且当然已在多种语言中得以实现。

但是 JavaScript 的聪明之处在于决定改进 new 运算符。确切来讲，用 new 调用的函数可以忽略新创建的对象（this），转而返回想要的内容。这一小“怪癖”（quirk）功能非常强大，具有迷惑性，因为需要创建对象时，你可以模拟对象的创建，例如，使用 Backbone 等外部库时。

根据我的经验，JavaScript 从未因其极其灵活而受到指责。它仍然带着只用 10 天设计出来的印迹。虽然它存在各种各样的缺点，但时不时地我也会发现令我特别高兴的功能。new 运算符这一小特性就是其中一个。希望你读完本章也能有类似体会。

第 6 章

同一个世界，同一种语言

Jenn Schiffer

当然有多种语言。

—— Jenn Schiffer

2003 年 9 月，我开始读本科，专业是计算机科学。因为我就读的是一所文理学院，校方要求我选择专业之外的多门通识课程，其中有两门外语。我问是否可以选 Java 来代替其中一门外语，我的请求遭到断然拒绝。辅导员说，“你必须选一门真正的外语，比如法语或西班牙语。”

也许我应该问选 JavaScript 可以吗？

会讲或通晓多门语言一直以来被认为胜似只会讲母语。我一直不明白人们为什么会对此深信不疑。生活在同一屋檐下，长时间从事一项工作，处于长期的一夫一妻制婚姻中：这些被视作是稳定生活所应有的品质。成为某一方面的专家强似很多方面略知一二。编程语言亦是如此。

JavaScript 是一种稳定的语言。它足以支撑起互联网，驱动机器人，并能说服出版商为其大量出书。如果要我们选出一种“最佳”的编程语言，选 JavaScript 似乎是毋庸置疑的。

一门语言优于其他语言，因而应该成为编程领域的官方语言，该说法虽有争议却也可以理解。我是谁，我怎么能决定每一位程序员都应该学习并用其进行开发的语言？

但是，Web 开发的发展趋势证明我的看法是正确的。21 世纪，Web 开发的一个显著特征是非常看重个人观点的表达，它们有必要成为 Web 标准。

一项强有力的提议

假如你是一所文理学院的学业导师，你的任务是确定几种外语，供学生从中选取来完成外语学习要求。有人提议将“JavaScript”语言纳入选课范围，你需要研究它，以确定是否可行。你碰巧是 JavaScript 专家，十分熟悉该语言，然而你不确定它是否比 Java 等语言更实用。

众所周知，不管大一新生的背景如何，Java 对他们来说都非常易于学习：

```
/**
 * Hello World in Java
 */

class Example {
  public static void main(String[] args) {
    System.out.println("Hello World.");
  }
}
```

要运行 Java，客户端也必须运行 Java 虚拟机（JVM）。要求学生携带多台电脑东奔西跑去上他们所有的课程，这一做法很愚蠢，因此不要求使用 JVM 环境的语言更方便教学。你也许会想“这个笑话也许有点奇怪，我没看懂？”你真诚的作者可能正在尝试给你讲一个笑话，你感觉很多笑话都比她讲的这个好笑。但是 JavaScript 不需要 Java 虚拟机，这不是开玩笑。那么，你可能会说，Haskell 语言也不需要，为什么不选它呢？

```
-- Hello World in Haskell
main = putStrLn "Hello World."
```

Haskell 的问题在于，它跟 JavaScript 不同的是需要安装编译器。此外，它还是一门函数式编程语言，就像拉丁语那样，被视作是“死亡”的语言，只是在陈旧的书本里才能见到它们的影子。学习 Haskell 确实有助于理解当今编程语言的大背景，但是无助于开发实用的产品。要求学生去学习对他们开发客户端 Web 应用毫无帮助的语言，是不称职的表现。

Ruby 在开发 Web 应用方面非常有用：

```
# Hello World in Ruby
puts "Hello World."
```

Ruby 的一大特点是极其灵活，拥有几十个不同的版本，其中最流行的叫做 Rails。Rails 自身又有很多版本 (方言，如果你愿意探索、创造出自己的版本), 这导致了不同应用之间无法通信。多版本机制适合于操作系统，但不适用于 Web 开发。JavaScript 的不同版本对用户或开发者而言没有多大关系，因为它不是运行在服务器端。由于不存在因版本不同而带来的痛苦，它更适合于教学。

层叠样式表（CSS）既不是服务器端语言，也不需要编译器或虚拟机：

```
/* Hello World in C.S.S. */
#example { content:'Hello World.'}
```

但是 CSS 离开其他语言无法工作，如同只有硬件没有软件机器无法运行。上述示例代码，浏览器查找页面中 ID 为“example”的元素。若开发者事先没有借助另一种语言创建该元素，CSS 代码什么也做不了。既如此，CSS 教授不能只教 CSS，还得教另一种语言，对教师要求较高。然而，JavaScript 不需要其他语言就能工作。它刚好合适。

超文本标记语言（HTML）怎么样呢？它自己就能运行，无需安装编译器：

```
<!-- Hello World in H.T.M.L. -->
<!DOCTYPE html>
<html ng-app>
  <head>
    <script src="angular.js"></script>
  </head>
  <body ng-controller="ExampleController">

    <script type="text/javascript">
      function ExampleController($scope) {
        $scope.printText = "Hello World";
      }
    </script>

    <h1></h1>

  </body>
</html>
```

实际上，HTML 确实需要在另一门语言的配合下才能正常工作，而这门语言正是 JavaScript。当然在过去，创建网页只需要 HTML。但是就语义万维网（Semantic

Web）的当前发展状况而言，我们需要用 Ember.js 等 JavaScript 前端框架将文本绑定到文档。

JavaScript 不需要 JavaScript 框架就能运行，因为 JavaScript 自己就能运行：

```
// Hello World in JavaScript
alert('Hello World');
```

像上面这样写，你就可以运行。不难看出，JavaScript 兼具简洁、纯粹、不屑修饰、朴素和美丽的特点。它短小、高效，且易于教学。你可以理直气壮地将其作为备选语言，供全校学生选修。

选择的悖论

确定备选语言困难重重，学生要决定从中选修哪几门甚至更难。计算机科学的一大难题是选择合适的工具，交流肯定也面临着相同的问题。“德语还是 JavaScript？”学生们不可能问这样的问题。为什么不能两者都学？

这也许看上去像是一个 NP 完全问题。你无法用德语教 JavaScript，因为 JavaScript 的句法是用美式英语写成的：

```
Benachrichtigung('Hello World');
```

虽然直觉告诉我们上述代码从语义上来讲确实正确，但在句法上存在错误：

```
>> ReferenceError: Benachrichtigung is not defined
```

然而，你可以用 JavaScript 教德语：

```
alert('Hallo Welt');
```

如果一个人可以用 JavaScript 学会一门语言，那么显然 JavaScript 是所有外语备选课程中唯一不会阻碍学生学习在国外如何交流的语言。

全球交流无阻的脚本语言

对于所有的 Web 开发人员来讲，大学教育是基础，从当前软件行业内部的教育改革也能明显看到这一点。随着越来越多的编程工作被创造出来，教育从业者为新开发者的成长负有的责任比以往更重。为了使软件开发教育工作变得相对比较容易，选择一门人人都能用来交流和学习的语言，非常有必要。正如我们在上文讨论应该选择哪种外语课时所得出的结论，这门语言就是 JavaScript。

JavaScript 简洁、纯粹、不屑修饰，朴素又美丽。

第 7 章

数学表达式的解析和求值

Ariya Hidayat

软件工程师经常会用到领域特定语言（DSL）：配置文件的格式、数据传输协议、模型模式（model schema）、应用扩展、接口定义语言等。由于该类语言的内在特性，其语言表达式需直白、易懂。

在本章，我们将探索如何用 JavaScript 实现一种简单的领域特定语言，求取数学表达式的值。它非常类似于传统的手持式可编程计算器。除了一般的数学句法，我们实现的 JavaScript 程序还要能处理运算符的优先级，理解预先定义好的函数。

给定字符串形式的数学表达式，我们对该字符串进行一系列处理：

- 将字符串切分为标记流（token stream）。
- 用标记构造句法树。
- 遍历句法树，对表达式求值。

下面几节逐一介绍以上各步。

词法分析和标记

我们对表示数学表达式的字符串做的第 1 步重要工作叫做词法分析（lexical analysis），也就是将字符串切分为标记流。如你所料，实现该功能的函数通常叫做 tokenizer。它也被称作词法分析器（lexer）或扫描器（scanner）。

我们首先要确定标记的类型。既然要处理简单的数学表达式，我们真正需要的是数字、标识符和运算符。我们需要实现几个帮助函数(各自的功能,代码描述得很清楚),以识别数学表达式字符串的一部分属于以上哪种类型的标记：

```
function isWhiteSpace(ch) {
    return (ch === 'u0009') || (ch === ' ') || (ch === 'u00A0');
}

function isLetter(ch) {
    return (ch >= 'a' && ch < = 'z') || (ch >= 'A' && ch < = 'Z');
}

function isDecimalDigit(ch) {
    return (ch >= '0') && (ch < = '9');
}
```

下面的 createToken 也是一个非常有用的功能函数，稍后我们将大量使用该函数，可避免代码重复。它用给定的 type 和 value 标记创建一个对象：

```
function createToken(type, value) {
    return {
        type: type,
        value: value
    };
}
```

遍历数学表达式中的字符，我们需想办法获取下一个字符，并且还需要实现一种方法，在不向前移动位置的情况下，窥探下一个字符。

```
function getNextChar() {
    var ch = 'x00',
        idx = index;
    if (idx < length) {
        ch = expression.charAt(idx);
        index += 1;
    }
    return ch;
}

function peekNextChar() {
    var idx = index;
    return ((idx < length) ? expression.charAt(idx) : 'x00');
}
```

我们的表达式语言不受空格的影响：40+2 跟 40 + 2 是一回事。因此，我们需要设计一个函数，它能忽略空格，继续向前移动直到不再有空格为止：

```
function skipSpaces() {
    var ch;

    while (index < length) {
        ch = peekNextChar();
        if (!isWhiteSpace(ch)) {
            break;
        }
        getNextChar();
    }
}
```

我们若想支持标准的算术运算、括号和简单的赋值运算，需要支持的运算符有 +、-、*、/、=、(和)。扫描该类运算符的方法如下所示。请注意，我们不要与所有可能的运算符逐一比对，而是找点小技巧，使用 `String.indexOf` 方法。按照惯例，如果调用 `scanOperator` 函数，未检测到运算符，则返回 undefined：

```
function scanOperator() {
    var ch = peekNextChar();
    if ('+-*/()='.indexOf(ch) >= 0) {
        return createToken('Operator', getNextChar());
    }
    return undefined;
}
```

判断一串字符是否为标识符要稍微复杂些。假定标识符的首字符可以是字母或下划线，第 2、3 个及后续字符可以是其他字母或一位十进制数字。为了避免标识符与数字混淆，我们规定标识符不能以一位十进制数字开头。我们一起实现两个帮助函数来做这些检查：

```
function isIdentifierStart(ch) {
    return (ch === '_') || isLetter(ch);
}

function isIdentifierPart(ch) {
    return isIdentifierStart(ch) || isDecimalDigit(ch);
}
```

标识符检查可以用一个简单的循环实现，如下所示：

```
function scanIdentifier() {
    var ch, id;

    ch = peekNextChar();
```

```
    if (!isIdentifierStart(ch)) {
        return undefined;
    }

    id = getNextChar();
    while (true) {
        ch = peekNextChar();
        if (!isIdentifierPart(ch)) {
            break;
        }
        id += getNextChar();
    }

    return createToken('Identifier', id);
}
```

我们要处理数学表达式，若不能识别数字就太荒谬了。我们想支持诸如 42 这样的简单整数、3.14159 这样的小数，还想支持用科学计数法表示的数字，比如 6.62606957e-34。该函数的主干如下所示：

```
function scanNumber() {
    // return a token representing a number
    // or undefined if no number is recognized
}
```

下面逐步介绍该函数的实现方法。

我们的首要任务是检测数字的存在与否。非常简单，我们只需检查下个字符是否是一位十进制数字或小数点（因为 .1 也是一个有效数字）：

```
ch = peekNextChar();
if (!isDecimalDigit(ch) && (ch !== '.')) {
    return undefined;
}
```

如果条件满足，只要后续字符均为十进制数字，就需要逐一处理：

```
number = '';
if (ch !== '.') {
    number = getNextChar();
    while (true) {
        ch = peekNextChar();
        if (!isDecimalDigit(ch)) {
            break;
        }
        number += getNextChar();
    }
}
```

因为要支持浮点型，所以有可能遇到小数点（例如3.14159，处理完3后）。这种情况需要再次使用循环结构，处理小数点后面的所有数字：

```
if (ch === '.') {
    number += getNextChar();
    while (true) {
        ch = peekNextChar();
        if (!isDecimalDigit(ch)) {
            break;
        }
        number += getNextChar();
    }
}
```

如要支持带有指数形式、用科学计数法表示的数字，我们也许会在数字之后看到“e”。例如，扫描6.62606957e-34，使用上述代码能处理6.62606957后。我们还需要处理“e”以及指数符号后面的其他数字。请注意，字母“e”后可能有加号或减号：

```
if (ch === 'e' || ch === 'E') {
    number += getNextChar();
    ch = peekNextChar();
    if (ch === '+' || ch === '-' || isDecimalDigit(ch)) {
        number += getNextChar();
        while (true) {
            ch = peekNextChar();
            if (!isDecimalDigit(ch)) {
                break;
            }
            number += getNextChar();
        }
    } else {
        throw new SyntaxError('Unexpected character after exponent sign');
    }
}
```

上述代码增加异常捕获很有必要，因为我们需要应对4e.2这样的非法数字（指数符号后面不能跟小数点）或4e（指数符号后面必须有数字）。

解析数学表达式，生成该表达式所对应的标记流，我们需要实现一个识别和获取下个标记的函数。该函数实现方式很简单，因为我们已有三个可分别用来处理数字、运算符和标识符的函数：

```
function next() {
    var token;

    skipSpaces();
    if (index >= length) {
```

```
        return undefined;
    }

    token = scanNumber();
    if (typeof token !== 'undefined') {
        return token;
    }

    token = scanOperator();
    if (typeof token !== 'undefined') {
        return token;
    }

    token = scanIdentifier();
    if (typeof token !== 'undefined') {
        return token;
    }

    throw new SyntaxError('Unknown token from character ' + peekNextChar());
}
```

句法分析器和句法树

词法器生成的标记流并没有为数学表达式计算提供足够多的信息。我们需先行构造表达式所对应的抽象句法树（AST），然后才能求取表达式的值。该过程一般称之为句法分析（syntactic analysis），通常由句法分析器（syntax parser）来完成。

比如我们有如下表达式：

```
x = -6 * 7
```

该表达式对应的句法树如下所示。

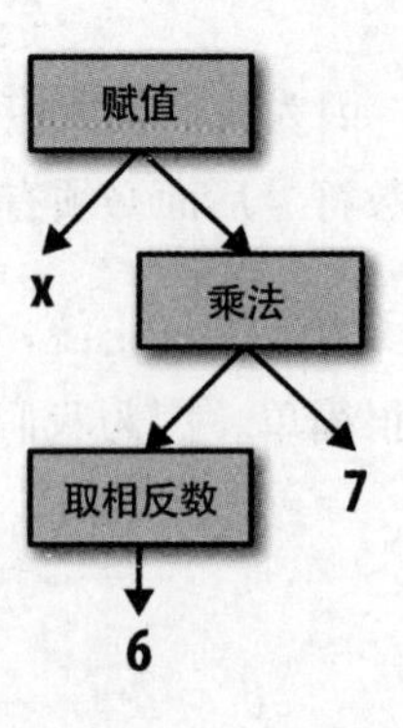

构造句法树的一种常用技术叫做递归下降分析（recursive-descent parsing）。该种分析策略自上而下从最高层级匹配可能的分析树。对于上述示例，我们欲处理的数学表达式其简化后的语法可表示为 [巴科斯范式（*http://bit.ly/backus-naur*）]：

```
Expression ::= Assignment

Assignment ::= Identifier '=' Assignment | Additive

Additive ::= Multiplicative | Additive '+' Multiplicative |
  Additive '-' Multiplicative

Multiplicative ::= Unary | Multiplicative '*' Unary | Multiplicative '/' Unary

Unary ::= Primary | '-' Unary

Primary ::= Identifier | Number | '(' Assignment ')' | FunctionCall

FunctionCall ::= Identifier '(' ')' | Identifier '(' ArgumentList ')'

ArgumentList := Expression | Expression ',' ArgumentList
```

下述代码结构展示了从最高层级（`Expression`）匹配表达式的过程。词法分析使用前面实现的词法分析器。句法分析过程的入口点（entry point）如下所示：

```
function parse(expression) {
    var expr;

    lexer.reset(expression);
    expr = parseExpression();

    return {
        'Expression': expr
    };
}
```

我们由此进入主要的 `parseExpression` 函数，该函数极其简单，因为我们的句法仅包含变量赋值一种表达式。其他拥有复杂控制流（分枝、循环等）的语言或其他形式的领域特定语言，赋值也许并不是表达式的唯一形式：

```
function parseExpression() {
    return parseAssignment();
}
```

对于随后 `parseFoo` 的几个变体，我们需要实现一个匹配运算符的函数。在分析过程，若即将分析的运算符与预期相同，返回 `True`：

```
function matchOp(token, op) {
    return (typeof token !== 'undefined') &&
        token.type === T.Operator &&

        token.value === op;
}
```

我们想处理 x = 42 这样的赋值语句。然而，我们还想处理诸如 42 这样的简单表达式或形如 x = y = 42 的嵌套赋值。阅读下述函数 parseAssignment，看是否理解该函数是如何处理上述 3 种情况的（提示：可以用递归）：

```
function parseAssignment() {
    var token, expr;

    expr = parseAdditive();

    if (typeof expr !== 'undefined' && expr.Identifier) {
        token = lexer.peek();
        if (matchOp(token, '=')) {
            lexer.next();
            return {
                'Assignment': {
                    name: expr,
                    value: parseAssignment()
                }
            };
        }
        return expr;
    }

    return expr;
}
```

parseAdditive 函数处理加减法，也就是说，它创建一个二进制运算节点。该节点有两个子节点：左节点和右节点，它们表示两个子表达式，这两个式子继而由 parseMultiplicative 函数处理，以完成加或减运算：

```
function parseAdditive() {
    var expr, token;

    expr = parseMultiplicative();
    token = lexer.peek();
    while (matchOp(token, '+') || matchOp(token, '-')) {
        token = lexer.next();
        expr = {
            'Binary': {
                operator: token.value,
                left: expr,
                right: parseMultiplicative()
```

```
            }
        }
        token = lexer.peek();
    };

    return expr;
}
```

parseMultiplicative 函数，其逻辑与前一个函数相同。它处理乘法和除法：

```
function parseMultiplicative() {
    var expr, token;

    expr = parseUnary();
    token = lexer.peek();
    while (matchOp(token, '*') || matchOp(token, '/')) {
        token = lexer.next();
        expr = {
            'Binary': {
                operator: token.value,
                left: expr,
                right: parseUnary()
            }
        };
        token = lexer.peek();
    }
    return expr;
}
```

在看 parseUnary 函数的实现细节之前，你也许想知道为什么先调用 parseAdditive 函数然后再调用 parseMultiplicative。这样做是为了满足运算符优先级的要求。例如 2 + 4 * 10，实际结果为 42（4 乘以 10 再加 2）而不是 60（2 加 4 后再乘以 10）。句法树的最高层级的节点为二进制运算符 +，才可能得到正确结果，该运算符有两个子节点：左节点为数字 2，右节点为另一个二进制运算符 *，它的两个子节点分别为数字 4 和 10。

我们用单目运算符处理 -42 这样的负数。在句法树中，用单目运算符节点表示，该节点只有一个子节点（因此得名）。取反操作只是单目运算的一种形式，我们还需要考虑单目取正运算符，比如 +42 中的 + 号。利用递归方法，我们可以轻松处理 ----42 或者甚至是 -+-+42 这样的表达式。单目运算的处理方法非常简单，代码如下：

```
function parseUnary() {
    var token, expr;

    token = lexer.peek();
    if (matchOp(token, '-') || matchOp(token, '+')) {
```

```
        token = lexer.next();
        expr = parseUnary();
        return {
            'Unary': {

                operator: token.value,
                expression: expr
            }
        };
    }

    return parsePrimary();
}
```

接下来我们要实现最重要的函数之一 parsePrimary。首先，我们来考虑 primary 节点有哪 4 种可能的形式：

- 标识符（在该语境下，基本上指的是变量），比如 x。
- 数字，比如 3.14159。
- 函数，比如 sin(0)。
- 带括号的表达式，比如 (4+5)。

幸运的是，判断接下来要遇到的标记是否将形成以上某种形式非常简单，只需检查标记的类型。唯一有歧义的是标识符和函数调用，而这却可以通过窥探下一个标记是什么来解决（下一个标记是否为左括号），别的就不需要了，代码如下：

```
function parsePrimary() {
    var token, expr;

    token = lexer.peek();

    if (token.type === T.Identifier) {
        token = lexer.next();
        if (matchOp(lexer.peek(), '(')) {
            return parseFunctionCall(token.value);
        } else {
            return {
                'Identifier': token.value
            };
        }
    }

    if (token.type === T.Number) {
        token = lexer.next();
        return {
```

```
                'Number': token.value
            };
        }

        if (matchOp(token, '(')) {
            lexer.next();
            expr = parseAssignment();

            token = lexer.next();
            if (!matchOp(token, ')')) {
                throw new SyntaxError('Expecting )');
            }
            return {
                'Expression': expr
            };
        }

        throw new SyntaxError('Parse error, can not process token ' + token.value);
    }
```

至此，还没有实现的部分是 parseFunctionCall。如果我们见到形如 sin(0) 这样的函数调用，它基本上由函数名、左括号、函数的参数和右括号组成。参数可以有多个 (foo(1, 2, 3)) 或没有 (random())，参数多少视函数而定，意识到这一点非常重要。为了简单起见，我们把参数的处理单拎出来，作为 parseArgumentList 函数。两个函数的代码如下：

```
    function parseArgumentList() {
        var token, expr, args = [];

        while (true) {
            expr = parseExpression();
            if (typeof expr === 'undefined') {
                break;
            }
            args.push(expr);
            token = lexer.peek();
            if (!matchOp(token, ',')) {
                break;
            }
            lexer.next();
        }

        return args;
    }

    function parseFunctionCall(name) {
        var token, args = [];

        token = lexer.next();
        if (!matchOp(token, '(')) {
```

```
        throw new SyntaxError('Expecting ( in a function call "' + name + '"');
    }

    token = lexer.peek();
    if (!matchOp(token, ')')) {
        args = parseArgumentList();
    }

    token = lexer.next();

    if (!matchOp(token, ')')) {
        throw new SyntaxError('Expecting ) in a function call "' + name + '"');
    }

    return {
        'FunctionCall' : {
            'name': name,
            'args': args
        }
    };
}
```

瞧，可不是！分析器的所有代码都齐全了。我们可以合理地将它们组合在一起，封装为一个具备一定功能的对象。虽只有大约 200 行代码，却支持多种数学运算，且能正确处理优先级、括号和函数调用。

句法树遍历和表达式求值

构造好句法树，求取对应表达式的值就变得出奇简单。求值问题转化为从最高层级的句法节点开始遍历句法树中所有子节点，并对每种类型的句法节点执行一种特定指令的过程。例如，对于二进制运算符节点，我们从它的两个子节点获取到数值后，对其进行加（或是减、乘、除）运算。再看下之前的例子：

```
x = -6 * 7
```

它对应的句法树用 JavaScript 表示如下：

```
{
    "Expression": {
        "Assignment": {
            "name": {
                "Identifier": "x"
            },
            "value": {
                "Binary": {
                    "operator": "*",
```

```
                "left": {
                    "Unary": {
                        "operator": "-",
                        "expression": {
                            "Number": "6"
                        }
                    }
                },
                "right": {
                    "Number": "7"
                }
            }
        }

    }
  }
}
```

用代码解析这棵 JSON 格式的句法树很简单。从叶子节点开始，比如一个数字（假定该节点指向我们当前意欲对其求值的节点）：

```
if (node.hasOwnProperty('Number')) {
    return parseFloat(node.Number);
}
```

至于单目运算节点，我们需先对子节点求值，然后再应用单目运算符 + 或 -：

```
if (node.hasOwnProperty('Unary')) {
    node = node.Unary;
    expr = exec(node.expression);
    switch (node.operator) {
    case '+':
        return expr;
    case '-':
        return -expr;
    default:
        throw new SyntaxError('Unknown operator ' + node.operator);
    }
}
```

二进制节点处理方法类似，只需处理二进制运算符左、右子节点：

```
    if (node.hasOwnProperty('Binary')) {
        node = node.Binary;
        left = exec(node.left);
        right = exec(node.right);
        switch (node.operator) {
        case '+':
            return left + right;
        case '-':
            return left - right;
        case '*':
            return left * right;
        case '/':
            return left / right;
        default:
            throw new SyntaxError('Unknown operator ' + node.operator);
        }
    }
```

继续处理变量赋值之前，先退后一步，思考下求值上下文（evaluation context）这一概念。为此，我们将上下文定义为囊括变量、常量和函数定义的对象。要求取表达式的值，还需传入上下文，求值程序才能知道从何处获取变量值，将值存入哪个变量以及调用哪个函数。将上下文对象独立出来，发扬了代码不同逻辑分开处理这一理念：解释器不用了解上下文对象，上下文对象也不用关心解释器是怎样工作的。

对于我们的求值程序，最简单的上下文可以表示为：

```
context = {
    Constants: {},
    Functions: {},
    Variables: {}
}
```

多少更有用些的上下文（可以作为默认值使用）：

```
context = {

    Constants: {
        pi: 3.1415926535897932384,
        phi: 1.6180339887498948482
    },

    Functions: {
        abs: Math.abs,
        acos: Math.acos,
        asin: Math.asin,
        atan: Math.atan,
        ceil: Math.ceil,
        cos: Math.cos,
```

```
        exp: Math.exp,
        floor: Math.floor,
        ln: Math.ln,
        random: Math.random,
        sin: Math.sin,
        sqrt: Math.sqrt,
        tan: Math.tan
    },

    Variables: {}
}
```

我们仍旧没有任何变量（因为上下文是新建的），但有两个可以直接拿来用的常量。该例中，常量与变量之间的差别简单、明了：常量不能修改或重新创建，但这两种操作可应用于变量。

准备好变量、常量等上下文之后，我们可以处理标识符查询（例如查找 `x + 2` 表达式中的标识符）：

```
if (node.hasOwnProperty('Identifier')) {
    if (context.Constants.hasOwnProperty(node.Identifier)) {
        return context.Constants[node.Identifier];
    }
    if (context.Variables.hasOwnProperty(node.Identifier)) {
        return context.Variables[node.Identifier];
    }
    throw new SyntaxError('Unknown identifier');
}
```

赋值(如 `x = 3`)的处理方式与之相反，但我们得确保只处理变量赋值而不要覆盖常量：

```
if (node.hasOwnProperty('Assignment')) {
    right = exec(node.Assignment.value);
    context.Variables[node.Assignment.name.Identifier] = right;
    return right;
}
```

最后，剩余函数节点的处理方式如下。基本而言，先将函数的参数（如有）存入数组，后传给实际的函数。我们默认的上下文对象，简单地将一批函数作为内置的 Math 对象的方法，绑定到 Math 对象：

```
if (node.hasOwnProperty('FunctionCall')) {
    expr = node.FunctionCall;
    if (context.Functions.hasOwnProperty(expr.name)) {
        args = [];
        for (i = 0; i < expr.args.length; i += 1) {
```

```
                args.push(exec(expr.args[i]));
            }
            return context.Functions[expr.name].apply(null, args);
        }
        throw new SyntaxError('Unknown function ' + expr.name);
    }
```

如果Math对象不支持某一运算，我们想自己定义一个函数该怎么办？再简单不过了：我们只需在上下文对象上定义该函数。例如，我们想实现 `sum` 函数，对以参数形式传入的数字进行求和操作。因为函数的参数个数不定，我们使用特殊的 `arguments` 对象而不使用每个参数的名称：

```
    context.Functions.sum = function () {
        var i, total = 0;
        for (i = 0; i < arguments.length; i += 1) {
            total += arguments[i];
        }
        return total;
    }
```

小结

本章的简单示例可轻松扩展或修改，以适用于多种领域特定语言。对于更简单的语言，词法分析器可以用一组正则表达式来实现。此外，简单的状态机往往适合多种应用场景。另一方面，语法复杂的语言，也许需要层级更深的递归下降分析方法。有时，使用基于栈的移进和规约方法处理某些递归问题则更方便。

一些语言因其某些奇怪的用法，增加了词法和句法分析器的处理难度。例如，众所周知，对 JavaScript 代码进行词法分析，由于 / 符号存在歧义，所以困难重重：它既可以表示除法运算符，也可以表示正则表达式的开始，此外，著名的自动分号插入功能，要求分析器的不同部件考虑分号是否是语言规范要求强制添加的。了解不同的分析器是如何处理这些不同类型的特殊情况，非常有启发意义。

解析快乐！

第 8 章

演进

Rebecca Murphey

2009 年 3 月，Paul Irish 发表了一篇题为“Markup-based Unobtrusive Comprehensive DOM-ready Execution”[译注 1] 的博文（*http://bit.ly/dom-based_routing*），就如何仅执行特定网页需要的 JavaScript 代码给出了一种解决方案。这个令人头疼的问题是当时所有客户端 JavaScript 新手都无法绕过的。

2009 年，客户端 JavaScript 开发者常用方法是，将所有代码（用于所有页面的）放到一个庞大无比的 `$(document).ready()` 之中；稍微聪明些的，通过检测是否存在拥有某一特定 ID 的元素，以判断当前所在页面。新接手这种代码的开发者要理解成百上千行混杂着函数声明、匿名函数和长长的 jQuery 链式方法的代码，对其心智是极大的挑战。

上述博文所倡导的方法很简单：为 `<body>` 元素增加一个类，然后用简单的帮助函数查找某个应用对象是否有相应的初始化方法：

```
UTIL = {
  loadEvents : function () {
    var bodyId = document.body.id;

    $.each(document.body.className.split(/\s+/), function (i, className) {
      UTIL.fire(className);
      UTIL.fire(className,bodyId);
    });
  },
```

译注 1：文章标题的意思是基于标记语言在 DOM 加载完成后执行 JavaScript 代码的一种综合性方法，遵循了代码行为和表现分离（unobtrusive）的思想。

```
    fire : function (func, funcname, args) {
      var namespace = APP;  // indicate your obj literal namespace here

      funcname = (funcname === undefined) ? 'init' : funcname;

      if (
        func !== '' &&
        namespace[func] &&
        typeof namespace[func][funcname] == 'function'
      ) {
        namespace[func][funcname](args);
      }
    }
  };

  $(document).ready(UTIL.loadEvents);
```

博文作者读的是技术传播专业，自学 JavaScript，后从事前端开发，知名度不高，他写的这段代码水平很一般。但是，他的想法具有改革意义，尤其是对于 JavaScript 社区而言，别忘了大量成员类似于博客作者都属于自学成才：如果我们能够以某种方式组织代码，编写规模更大的 JavaScript 应用，代码也不至于乱作一团。

Paul 发表博文几个月后，我写了一篇题为“Using Objects to Organize Your Code”（用对象组织代码）的文章（*http://bit.ly/using_objects*），并在 2009 年的 jQuery 大会上围绕同一主题做了一次演讲。我在博文中建议大家，每个“feature”（页面的一个功能点）用一个对象来实现，该功能点的所有子功能表示为该对象的方法。例如，邮件消息列表可作为一个功能点；邮件地址列可作为另一个功能点。

当时我对 `.call()` 和 `.allply()` 只是略知一二，虽然那会儿 `$.proxy` 还不存在，我不确定如果它确实已出现，我是否能透彻理解它。我写博文的前一年，John Resig 发表了介绍“micro-templating”（微型模板引擎）的博文（*http://bit.ly/micro-templating*），我曾读过《JavaScript 语言精粹》一书，故而我发现 John 在博文中没有考虑客户端模板引擎以及如何为这些功能点对象创建实例。

“如果当时要我去想能写一篇博文的最简洁的 JavaScript 实现，”我的朋友 Alex Sexton 最近跟我说道（用最坦诚的方式，因为他是 Alex），“我永远也不可能想出像 John 的模板引擎那样简洁的实现。”

John 的想法对于当时大部分成员自学成才的 JavaScript 社区同样具有变革意义。我们不仅能够按照页面拆分代码；我们还可以按照模块拆分代码，每个模块都可以明确地用不同的代码块来表示。

我们甚至还可以……看到这里，希望你不要发疯，但是……我们还可以将这些代码块置于单独的文件中，用全局对象作为命名空间，对吧？开发阶段加载所有文件，用 `<script>` 标签插入到页面的确很麻烦，并且每次增加新文件后，我们不得不更新 `<script>` 标签列表。服务器端代码大概能够帮我们解决这个难题。但是，如果 JavaScript 具有异步加载所有这些功能的模块系统，岂不更好？尤其是考虑到我们需要拼接所有这些文件以用于生产。

Backbone

Dojo（*https://dojotoolkit.org/*）彻底改变了我的开发方法；Backbone（*http://backbonejs.org/*）则彻底改变了其余每位 JavaScript 开发者的开发方法。虽然大家对 Backbone 的批评不绝于耳，可以肯定的是，0.1.0 版本 619 行未压缩过的代码，再一次改变了我们对 JavaScript 应用开发的认识。它为我们提供了易于理解的构建模块，而不是去尝试回答开发过程的所有问题，而这大概是 Dojo 的一大败笔。

Backbone 文件很小，鲜有人指责它代码膨胀；它极其简洁且又遵循 jQuery 范式，因而水平一般的 jQuery 开发者也能轻松上手。它不囿于自己专有的方法，因而之前不是用它开发的应用，也可像用它新建的应用一样，轻松使用它的某些方法（如果你自己的想法有问题，也很容易招来麻烦事）。它内置了路由器[注1]，这可是 Rails 和 Django 等服务器端框架的支柱，嗯，我们可以说它将 Paul 的“Markup-based Unobtrusive Comprehensive DOM-ready Execution”提升到一个全新的高度。有趣的是，它还为传统意义上的客户端开发者开启了一扇大门，他们曾长期被挡在“获取元素后对其操作”方法的大门之外。

然而，Backbone 最令我感到快乐的可能是，用 `new` 关键字为 `View` 新建实例成为一种普通的方法，使用起来很方便，它将容易误导开发者的 jQuery 插件范式抛到九霄云外。虽然 `Backbone.View` 确实不提供模板引擎（和渲染）方法，你得自己实现，但是你可以使用 Underscore 工具库（*http://underscorejs.org/*）；用 Backbone 开发应用，虽没有 Dojo 直接，但也不难。

为 Backbone 框架添加附加点、生命周期管理以及保证内存安全的析构等方法也比较简单。对于准备转到 Backbone 的开发者，Backbone 被视作是构建框架的库。确

注 1：Sammy.js 先于 Backbone 几年增加了路由器，但它固守自己的方法，因此未被广泛采用。

实如此，我正在做的项目就将 Backbone 作为脚手架，我们在其基础上开发了一个更加复杂的客户端应用开发框架，而不必将精力浪费在基础功能开发上。[注2]

新的可能性

或爱或憎（我的看法当然是混杂着这两种感情），Backbone 的出现，有两件事是不容置疑的：其一，JavaScript 作为玩具语言的日子永远结束了；其二，JavaScript 开发者不论水平高低从此应该理解和接受客户端 JavaScript 应用。

任意组件以任意方式对接在一起，这种不可能实现的情况，Backbone 是怎么处理的？这可是过去几年我从事的两个主要项目的核心需求。

在 Toura 公司，我们开发由配置驱动、支持离线使用的 PhoneGap 应用。客户用内容管理系统设计应用，内容管理系统输出 JSON 格式的配置项，说明每个页面的内容。一个页面也许包括相册、标题区域、文本区域、收藏功能或数量不定的其他功能。每个应用运行相同的 JavaScript 代码；这些代码在运行时读取配置文件，将应用组装起来，在用户使用应用的过程中，为用户展示相应内容。

我们的解决方案，我将其称之为“能力”（capability）。一个页面可以拥有的能力种类不限，每种能力决定一组组件之间的交互方式。根据配置文件指定的页面应具备哪种能力，动态生成页面的控制器，每种能力内部的代码负责处理组件之间信息的传递。

在 Bazaarvoice 公司工作时遇到的情况类似：客户用配置工具设置应用的行为，启用某些功能，配置工具生成 JSON 配置文件。我们根据配置文件为客户开发的 JavaScript 代码准确地添加组件（比起我们在 Toura 公司采用的方法有较大进步），并且，我们还利用该配置文件在运行时将组件关联起来，我们具体用的是称之为“插口”（outlet）的部件。组件的配置方法类似于：

注 2：大量项目以 6.4KB 的库为基础开发自己的框架，这样做是否可行？写作本书时，我认为是可行的；我们当前仍旧从多个框架学习我们需要的内容，我们距离找到一个万全之策（或 3 个框架能满足大部分需求）还有很长的路要走。我希望 12~18 月内情况能有所改变，尤其是考虑到本章所讲问题过去几年已经显现。

```
"reviewSummary" : {
  "features" : {
    // an object describing the features that are enabled for the component
  },
  "outlets" : {
    "showreviews" : [{
      "component" : "reviewContentList",
      "event" : "scrolltocontent"
    }],
    "showquestions" : [{
      "component" : "questionContentList",
      "event" : "scrolltocontent"
    }],
    "filtercontent" : [{

      "component" : "reviewContentList",
      "event" : "filtercontent"
    }]
  }
}
```

运行时，读取组件的配置，并建立起该组件与其他组件之间的关联。示例中，我们初始化一个 Outlet 部件，当 reviewSummary 组件触发了它的 showReviews 方法，我们确保在 reviewContentList 上触发 scrolltocontent 方法：

```
var Outlet = function (options) {
  this.targetComponent = options.targetComponent;
  this.originatingComponent = options.originatingComponent;
  this.target = options.target;
  this.key = options.key;

  var event = this.event = 'outlet:' + this.key;

  if (this.target.event) {
    this.originatingComponent.on(event, this._eventHandler());
  }
};

Outlet.prototype._eventHandler = function () {
  var targetComponent = this.targetComponent;

  if (!targetComponent) {
    return;
  }

  return function () {
    var args = [ targetComponent.scopeEvent(target.event) ].concat(
      [].slice.call(arguments)
    );

    targetComponent.trigger.apply(targetComponent, args);
```

```
      return;
    };
  };
```

组件之间直接通信令人畏惧，上述方法可以看作是对直接通信的改进，但实际上，它更像是在运行时创建的微型控制器，充当组件之间通信的中间人，双方组件不用直接了解彼此。

我之所以提到这些内容，并不只是因为我最近一直从事该方面的工作。我想这是我们 JavaScript 社区下一个要解决的问题，一旦我们解决或厌烦了最佳框架的问题。

假如有这样一个页面，你用 Jenn 编写的日历组件，Adam 的邀请名单组件。你用一种领域特定语言控制，当邀请名单的一个条目触发了它的 accept 事件时，调用日历组件的 schedule 方法，并传入邀请的相关信息，所有组件都无需直接跟对方通信。Web 组件（*http://bit.ly/dwc-w3c-webcomp*）是这个方向的初步尝试，它是直接受很久以前的 Dojo 模板组件启发而开发的。我希望我们迈大步，多往前走，并尽快出发。

第9章

错误处理

Nicholas Zakas

如果你像我一样，在错误开始定期跳出来之前，你可能都不怎么考虑如何处理它们。程序员写代码时抱着永远不存在错误的心态，等写完后再用余下的时间追捕他们引入的错误。这种心态完全正常。项目伊始，没人认为他们在项目过程中会犯错。你相信自己知道正确的实现方法，你带着这种心态投入项目开发，等错误开始出现时，你感到不爽快，并为之惊叹。

但如果改变思维过程会怎样？不要假定不会犯错，假定错误会发生。思考问题方式的转变将如何改变代码编写方式？这就是本章要讲的内容：思考并防备你的JavaScript代码中不可避免的错误。

假定你的代码会出错

> 如果错误有可能发生，那么就有人会犯这个错误。设计之初，设计师必须假定所有可能的错误都会发生，并以此为前提进行设计，力争最小化错误发生的概率，或将错误的不良后果降至最低。
>
> —— Donald A. Norman，《设计心理学》

有效的错误处理，第一步是接受代码在某一时刻会出错的事实。这也许是因为代码使用不当或虽则用法正确，但预先没有准备这么用。不管原因如何，你的代码在某一时刻会崩溃，这是事实。既已认识到这一点，怎样才能提高代码的健壮性？编写代码时该怎样做，才能降低代码出错后调错的难度？

抛出错误

我年轻时，编程语言最让我迷惑的是它们有制造错误的能力。我对 Java throw 操作符的第一反应是“太愚蠢了，你为什么想引发错误？”我视错误为敌人，唯恐避之不及，因此我将引发错误的能力看成是编程语言一个无用且危险的功能。JavaScript 这门语言本来就有个特点，人们看到代码无法立即理解其意思，再引入 throw 操作符就更为愚蠢。如今有了丰富的编程经验之后，我转而热衷于抛出我自己犯的错误。如使用得当，调错和维护代码将更加容易。

编写程序，没有预料到的情况一旦发生就会出现错误。也许是将错误的值传入一个函数，或是参与数学运算的操作数不合法。编程语言定义了一组基本规则，若编写的代码有悖于该组规则将引发错误以便开发者修改。如程序不抛出错误，不报告错误，几乎无法调错。如果程序悄悄地运行失败，单是注意到有问题就要花相当长时间，更不用说剥离和修复错误了。所以说错误是开发者的朋友而不是敌人。

错误，它们问题在于出现位置和时机不合适。更糟糕的是，默认的错误信息通常过于精简、不足以充分解释是到底什么出错。JavaScript 的错误信息不能提供有用信息且晦涩难懂（尤其是在老版本的 IE 浏览器中），只会让问题变得更复杂。假如错误信息提示“该函数运行失败，因为什么发生了。”调错立即变得简单起来。这正是抛出自己所犯错误的优点。

将错误理解为内置故障，有助于理解。在代码某个位置预置错误总比到处预测错误容易。这是产品设计而不只是代码设计的一种常见做法。小汽车在生产时留有撞击缓冲区，车框的某些区域受到撞击后会按照预定的方式凹陷进去。了解车框对于撞击的反应（哪些部分会出问题），使得厂商得以保证乘客的安全。你可以按照相同方式开发代码。

你可以用 throw 操作符指定要抛的对象，抛出错误。虽则可以抛出任意类型的对象，但最常用的是 Error 对象：

```
throw new Error("Something bad happened.")
```

用上述方式抛出错误，错误不是由 try-catch 语句捕获，而是以浏览器特有的方式来展示错误。IE 浏览器显示错误的方式是，在窗口左下角出现一个小图标，双击该图标，弹出一个对话框，里面展示的就是错误信息。Firefox 在 Web Console 显示错误；

Safari、Chrome 和 Opera 将错误输出到 Web Inspector。换句话讲，你抛出的错误跟未抛出但实际存在的错误，这 3 种浏览器的处理方式相同。

不同之处在于，你得提供浏览器所要显示的确切的文本内容，而不只是行号和列号，调错需要的任何信息都可以显示出来。我建议，错误信息一定要包含函数名及函数执行失败的原因。举个例子，我们有以下函数：

```
function addClass(element, className){
    element.className += " " + className;
}
```

该函数的作用是，为给定元素添加一个新的 CSS 类（很多 JavaScript 库都有类似方法）。但如果 `element` 为 `null` 会发生什么？你将会得到诸如“object expected”（期望一个对象）这样一串密语。然后，你不得不去查看执行栈（如果浏览器支持），以定位问题的源头。如果你抛出自己的错误，调错就变得容易多了：

```
function addClass(element, className){
    if (element !== null && typeof element.className === "string"){
        element.className += " " + className;
    } else {
        throw new Error("addClass(): First argument must be a DOM element.");
    }
}
```

我们就不讨论如何准确检测一个对象是否是 DOM 元素。当函数 addClass 由于非法的 element 参数执行失败后，上述方法能给出更明确的错误信息。在浏览器控制台的错误页卡下，可看到详细的错误信息，立即就能定位问题的源头。我喜欢将抛错看作是提示自己代码为什么出错的即时贴。

作为对开发者的奖励，JavaScript 引擎为抛出的任意 `Error` 对象添加 `stack` 属性。`stack` 属性是一个包含格式化过的堆栈轨迹（stack trace）的字符串，指明引发错误的位置。`stack` 属性值示例如下：

```
Error
    at foo (test.js:2:24)
    at test.js:2:7
```

虽然对于 `stack` 属性栈信息的表示方式，每种 JavaScript 引擎多少有些不同，但这些信息基本相同：错误类型、错误来自哪个文件、行列号以及函数名。这些信息非常有用，调错时可打印出 JavaScript 错误信息仔细研究。

何时抛出错误

理解如何抛出错误后，还得理解何时抛出。因为 JavaScript 没有类型或参数检查，很多开发者误以为对每个函数都应该做这两种检查。这样做不切实际，还会严重影响代码的整体性能。捕获错误的关键是识别很可能以某种特定方式失败的那部分代码。简言之，只有当错误出现后再抛出。

如果函数只是由已知的实体调用，错误检查大概没必要（私有函数即是如此）；如果你无法确定以后函数的调用位置，那么你可能需要做些错误检查工作，并且更可能受益于抛出错误。抛出错误的最佳位置是在功能函数之中：这类函数是编码环境中是通用的，也许会用在多处地方。JavaScript 库正是这种情况。

所有的 JavaScript 库对于已知的错误条件，都应从它们的公共接口抛出错误。YUI/jQuery/Dojo 等可能无法预料到你何时何地调用它们的函数。当你在做蠢事时，它们有责任提醒你。为什么呢？因为你要找在哪里出的错，不应该进入它们的代码进行调错。一处错误对应的调用栈（call stack），应止于库的接口，而不用深入进去。一处错误若发生在库中深至第 12 个函数的位置，这种情况再糟糕不过了，因此库的开发者有责任防止该情况的发生。

私有的 JavaScript 库亦是如此。很多 Web 应用都有自己专属的 JavaScript 库，或与著名的公有库配合使用或意在替代它们。库的目标是降低开发难度，它们为此提供了一种抽象方法，以便让开发者远离脏乱的实现细节。抛出错误有助于安全地隐藏这些脏乱的细节。

错误的类型

ECMA-262 确定了 7 种类型的错误对象。当错误条件出现时，JavaScript 引擎使用这些对象。当然也可以人工创建：

`Error`

所有错误的基础类型。实际上从不会被引擎抛出。

`EvalError`

用 `eval()` 执行代码、出现错误时抛出。

RangeError

当数字超出取值范围时抛出，例如，尝试创建含有 -20 个元素的数组（new Array(-20)）。正常执行代码的过程较少会产生该种错误。

ReferenceError

期望的是一个对象，但是没有可用的对象时抛出。例如，尝试在 null 引用上调用某个方法。

SyntaxError

传入 eval() 的代码存在句法错误时抛出。

TypeError

变量类型与预期不符时抛出，例如，new 10 或 “prop” in true。

URIError

当格式不正确的 URI 字符串传入 encodeURI、encodeURIComponent、decodeURI 或 decodeURIComponent 时抛出。

通过调用与以上错误类型同名的构造器，可在 JavaScript 代码任意位置创建和抛出每种错误，例如：

```
throw new TypeError("Unexpected type.");

throw new ReferenceError("Bad reference.");

throw new RangeError("That's out of range.");
```

开发者最常抛出的错误类型有 Error、RangeError、ReferenceError 和 TypeError。其他错误类型专用于 JavaScript 引擎内部，因此不适合用于自己的代码（即使没人拦着）。

所有错误类型均继承自 Error，因此用 instanceof Error 检查其类型，不能给出任何有用的信息。应该检查是不是某种更确定的错误类型，以便找到更健壮的错误处理方法：

```
var error = new TypeError("Not my type.");

console.log(error instanceof Error);        // true
console.log(error instanceof TypeError);    // true
```

当然，如果只是用内置的JavaScript错误类型抛出错误，则难以区分引擎和你有意抛出的错误。因此我们有必要自定义错误类型。

自定义错误

大型应用的开发，创建自己的错误类型非常有用。使用自定义的错误类型，你可以轻松分辨自己有意抛出和浏览器抛出的错误。通过继承 Error，自定义错误类型很容易，按照下面这种简单的模式即可：

```
function MyError(message){
    this.message = message;
}

MyError.prototype = Object.create(Error.prototype);
```

上述代码有两部分很重要：① message 属性，浏览器从中获取具体的错误信息；②将 prototype 设置为 Error 的一个实例，将该对象作为 JavaScript 引擎的错误类型。现在，你可以抛出 customError 的一个实例，浏览器将其作为原生错误进行响应：

```
throw new MyError("Something really bad happened!");
```

如要抛出大量不同类型的错误，且仍想区分自定义的错误与原生错误，那么以自定义的错误为基础定义其他错误类型，比如：

```
function MyError(message)
    this.message = message;
}

MyError.prototype = Object.create(Error.prototype);

function MissingArgumentError(message) {
    this.message = message;
}

MissingArgumentError.prototype = Object.create(MyError.prototype);

function NotFunnyError(message) {
    this.message = message;
}

NotFunnyError.prototype = Object.create(MyError.prototype);
```

上述示例，MissingArgumentError 和 NotFunnyError 均继承自 MyError（继而继承

自 Error）。由于存在以上继承关系，用 if 语句区分两种错误并分别处理，比较容易实现：

```
if (error instanceof MyError) {
    // handle MissingArgumentError and NotFunnyError
} else {
    // handle native error types
}
```

区分自定义的错误和 JavaScript 引擎抛出的错误很重要，因为这两类错误的处理方法往往不同。正如前面所讨论的，抛出自定义的错误，表明我们已知该情况是可能发生的（不像原生错误，往往难以预料）。

处理错误

错误应易于检测，其不良后果应该最小，如果可能的话，应可以消除。

——Donald A. Norman，《设计心理学》

ECMA-262 定义了一种类似于其他语言捕获异常的结构 try-catch-finally。基本思想是将可能会抛出错误的代码置于 try 语句中，将处理错误的代码置于 catch 语句中。finally 语句可有可无，它里面放置不管前面有无错误都会执行的代码。基本句法如下所示：

```
try {
    // some code that might throw an error
} catch(error) {
    // handle an error that was thrown
} finally {
    // optionally run code regardless of error
}
```

try 语句内部出现错误，停止执行该处代码，继而执行 catch 语句。抛出的错误以变量的形式传入 catch 语句。该捕获机制不因错误类型而异，你需要自行查看错误对象，以确定错误类型及合理的处理方法。例如：

```
try {
    functionThatMightThrowError();
} catch(error) {
    if (error instanceof MyError) {
        // handle custom error
    } else {
```

```
            // handle native error
        }
    }
```

其中，catch 语句可以省略，保留 finally 语句，比如：

```
try {
    functionThatMightThrowError();
} finally {

    // do whatever you want
}
```

上述情况，try 语句内部产生错误，将停止执行该语句，并立即跳往 finally 语句。如未发生错误，try 语句中的所有语句将会被执行，然后再执行 finally 中的语句。以上两种情况，无法处理错误。

实际应用中，try 语句通常和 catch 语句配合使用，你也许还想使用 finally。finally 语句无论如何都会执行，甚至 try 或 catch 语句包含 return 语句，亦是如此。请思考下面两个函数：

```
function doSomething() {
    try {
        functionThatMightThrowError();
        return "success";
    } catch(error) {
        return "failure";
    } finally {
        return "finally";
    }
}

function doSomethingElse() {
    try {
        functionThatMightThrowError();
        return "success";
    } catch(error) {
        return "failure";
    }

    return "finally";
}

var result1 = doSomething();
var result2 = doSomethingElse();
```

doSomething 和 doSomethingElse 函数，除去前者有 finally、后者没有之外，代码相同。但两个函数的行为有着天壤之别。result1 的值总是"finally"，而不论有没有错误发生。这是因为 try 和 catch 语句中的 return 语句被跳过去了，优先执行 finally 中的 return 语句。另一方面，return2 的值永不会是“finally”。因为若未发生错误，使用 try 语句中的 return 语句；发生错误，则使用 catch 语句中的。这就是该函数的两个可能的返回结果，try-catch 之外的 return 语句没有机会执行。如未发生错误，return2 的值为“success”，反之为“failure”。

try-catch-finally 结构有一些缺点。其一，你必须提前知道一段代码是否可能抛出错误。虽然有时也许很容易确定，但有时则难以确定。因而，若要有效地使用 try-catch-finally 需提前规划好。其二，将代码置于 try-catch-finally 结构中，即使不会发生错误，对性能也有影响。如同 JavaScript 很多性能方面的技巧一样，只有当代码连续运行百万次乃至更多时，才需要考虑对性能的影响，运行次数有限的代码，执行时间没有明显的不同。

浏览器全局错误的处理

Web 浏览器，所有未捕获的错误向上冒泡，最终由 window.onerror 这一最高层级的事件处理函数处理。该函数接收 4 个参数：错误信息、导致错误发生的 URL、行号和列号。作为一项附加功能，window.error 处理完毕后，返回 True，告诉浏览器错误已被处理，没必要展示给用户。例如：

```
window.onerror = function(message, url, line, col) {
    logError(message, url, line, col);
    return true;
};
```

该例中的错误信息被记录下来，返回 True，表明错误已被恰当处理。

2013 年晚些时候，HTML5 规范做了修改，为 window.onerror 定义了第 5 个参数，即实际的错误对象。此前，无法访问 window.onerror 中的错误对象。写作本章时，只有 Chrome 和 Firefox 浏览器增加了对它的支持，其他浏览器也应该予以实现。传入错误对象，你可以查看它带来的更多信息：

```
window.onerror = function(message, url, line, col, error) {
    logError(message, url, line, col, error.stack);
    return true;
};
```

该示例还从抛出的错误对象中获取了 stack 信息。

Web 应用应该使用 window.onerror 事件处理函数，发生任意 JavaScript 错误时，你好知晓。你不可能清楚 Web 应用中所有可能引发 JavaScript 错误的代码组合，而使用事件处理函数可在不过于干扰开发者的情况下，安全地监控错误的发生情况。

Node.js 的全局错误处理

Node.js 捕获全局错误的机制与上面所讲的类似。只要是出现的 JavaScript 错误没有用其他方式处理，process 对象就会触发 unCaughtException 事件。可用以下代码监听该事件，接收 JavaScript 错误对象：

```
process.on("uncaughtException", function(err) {
  log(err);
});
```

如果错误由该事件处理函数处理，那么 Node.js process 不会自动退出（任何未捕获的异常将导致其退出）。有些人建议，你应该总是在事件处理器中调用 process.exit；然而，是否选择这样做，很大程度上取决于你的应用以及在不影响应用的总体状态下从错误恢复正常运行的难易程度。出现未捕获的错误时，你应发挥出最佳的判断能力，采取正确的做法：记录错误、退出 process、重启 process 或其他完全不同的做法。

Node.js 还有 *domain* 功能，支持设置错误处理函数。运行特定代码出现未捕获的异常，可用该功能。使用方法如下：

```
var d = require("domain").create();
d.on("error", function(err){
    log(err);
});

d.run(function(){
    /* some code that might throw an error */
});
```

该示例的基本思想是，也许会引发错误的代码可以放到在 domain 上运行的函数调用之中。那么，函数调用之中的代码若引发错误，将触发该 domain 的错误事件。你可以监听 error 事件并做出恰当处理。

domain 是 Node.js 一个相当新的概念，日后也许会有较大变动。domain 的最佳使用方法仍在发展和讨论之中，因此决定采用它之前，请一定花点时间探究 domain 是否适合你的错误处理策略。

小结

错误和错误处理是开发者不喜欢讨论的两个话题，但开发工作到了最后环节少不了要找出并消灭错误。错误处理的第 1 步是一定要假定代码会出错并规划好怎么去处理。找到判断某一特定类型的错误是否发生的方法，并确定如何解决（如果发生）。

抛出自定义的错误是错误处理的强有力的工具。抛出错误，可自定义追踪错误源头所需的信息。自定义错误类型，并以此为基础定义其他错误，便于区分 JavaScript 引擎和你（或同事）抛出的错误。然后，你可以用 `try-catch-finally` 监控错误。

大型应用还应监听未捕获的错误。浏览器和 Node.js 都支持在某处监听这些错误，你可将其记录下来或处理它们。

请记住，大多数错误都不适合展示给用户，因此错误信息要对用户友好（或不抛出错误信息，如果你能轻松解决错误，恢复应用）。

第 10 章

Node.js 事件循环

Jonathan Barronville

你若用 Node.js, 你很可能是在听烦了大家热切地讨论 Node.js 平台支持用 JavaScript 开发服务器端程序之后开始鼓捣它。

你访问了 Node.js 官网，看到以下信息，“Node.js 使用事件驱动，非阻断 I/O 模型，因此具有轻量和高效的特点，非常适合数据密集型、运行在不同分布式设备的实时应用。”

如今，你若是开发过事件驱动的服务器端程序，你已能明白上面这句话的意思。（那么本章可能不适合你）然而，如果你像我一样，读到这些信息后可能想放弃编程，因为 Node.js 官网是为开发者提供的平台，我虽是开发者却不能理解自己应该理解的内容，我未免太愚蠢了吧!

好吧，也许这么说有点夸张。你没有放弃编程。而且，你不理解为什么应该关注 Node.js，并不代表你就比别人笨。

我的目标是，读完本章，你可以自豪地向全世界宣布你理解了 Node.js 事件循环（event loop）的工作方式，并可以开始当之无愧地接受其他 LinkedIn 用户对你能力的认证，你掌握了“Node.js 事件循环”。

事件驱动编程

站到系统的高度来看，事件驱动编程是指为系统关注的一组特定事件，提供一种预警方式，告知系统事件已发生，并用回调对事件做出响应。

上述几个术语分别是什么意思？事件是指系统状态的改变。回调根据系统的类型可以指不同的处理方式，就 JavaScript 而言，它指的是闭包结构，特定事件发生时调用其函数。

Node.js 在底层用原生的 *libuv* 库监听事件，调用必要的回调函数。要实现该功能，*libuv* 这样的库和框架需具备事件循环机制，它从本质上来讲是一种使事件无限运行下去的循环。

为了讲得稍微具体些，下面给出底层 C++ 代码（/src/node.cc 3761-3773 行），该段代码负责触发和管理 Node.js 事件循环（该段代码在 Node.js 库的 commit 编号为 0df5e1c049）：

```
bool more;
do {
  more = uv_run(env->event_loop(), UV_RUN_ONCE);
  if (more == false) {
    EmitBeforeExit(env);

    // Emit `beforeExit` if the loop became alive either after emitting
    // event, or after running some callbacks.
    more = uv_loop_alive(env->event_loop());
    if (uv_run(env->event_loop(), UV_RUN_NOWAIT) != 0)
      more = true;
  }
} while (more == true);
```

快速拆解以上代码，找出现阶段你需要关注的两部分。其一：

```
do {...} while(...);
```

该部分是指执行 `do` 模块中的所有代码，直到 `while(...)` 中的条件表达式求值结果为 `false` 时停止。其二：

```
more = uv_run(env->event_loop(), UV_RUN_ONCE);
```

`uv_run(...)` 可以说是 libuv 中最重要的函数，它实际负责触发和运行事件循环。为了避免过于深入地从 C++ 角度深入 libuv 的技术细节，你当前只需知道，如没有更多的操作要处理，调用 `uv_run` 返回 0（在 C++ 中为假），变量 `more` 的值将为 `false`。如返回真值，`more` 将为 `true`。

咳！本章至此总共讲了没多少内容，我就朝你投来 C++ 代码！如上所讲，我们讨论

Node.js 的事件循环，实际讨论的是 libuv 循环，因此我想稍微介绍一点底层的实现有助于你的理解。本章后续将介绍更高层级的知识，我向你保证！

异步，非阻断 I/O

所有现代操作系统均内置了事件通知系统（event notification system）。不同平台，事件通知系统的工作方式往往不同。这正是 libuv 要解决的一个主要问题。它提供跨平台、高层级的事件处理抽象方法，将令人抓狂的、不那么有趣的平台差异交由底层处理。

人们在讨论 Node.js 及其可扩展性时，你经常听到他们提起异步（asynchronous）和非阻断（nonblocking）字眼，但它们究竟指什么？

假如要编写 TCP 服务器。你创建了一个简单的循环体，每次循环接收和处理新的连接请求。你很快意识到该处理方式有问题：服务器每次只能处理一个连接，它一直阻断到能够从连接读取数据为止。这非常糟糕，因为无法处理其他连接！一种解决方法是使用操作系统钩子，当数据准备好后，让操作系统告诉你。这就是异步，因为数据返回后，事件通知系统会告知你。循环可继续处理其他连接，因而是非阻断的。

虽然我们不展开讲，但请记住服务器的另一种常用模型使用操作系统线程（operating system threads），通常是指为每个客户端 / 连接创建一个线程。使用操作系统线程不仅难以扩展，而且实际上很难理解和正确应用。

关于异步和非阻断 I/O，我发现它非常有意思的是，对照生活中的真实例子来解释它非常容易。在我看来，最佳例子莫过于餐馆点餐。你到自己最喜欢的快餐店排队。轮到你时，服务员接单。他们开始为你准备，服务员给你一个单号，汉堡好后，他们叫号，你回来取餐。该模式非常高效，服务员可快速处理多单。反之，若是服务员接单后，先让其他顾客在那排队，一直等到你的汉堡做好后，再服务他们，效率之低可想而知。

Node.js 程序的工作方式类似于餐厅点餐。请见如下示例：

```
'use strict'

var http = require('http')

function serverRequestHandler (serverRequest, serverResponse) {
```

```
  serverResponse.writeHead(200, {'content-type': 'text/plain'})
  endServerResponse(serverResponse)
}

function endServerResponse(serverResponse) {

  serverResponse.end('Hello, world!\n')
}

var httpServer = http.createServer(serverRequestHandler)

httpServer.listen(3620, '127.0.0.1')

console.log('Server running at http://127.0.0.1:3620.')
```

我们一起拆解上述示例代码。首先，导入 http 模块：

```
var http = require('http')
```

接下来实现两个函数：serverRequestHandler 和 endServerResponse。

```
function serverRequestHandler (serverRequest, serverResponse) {
  serverResponse.writeHead(200, {'content-type': 'text/plain'})
  endServerResponse(serverResponse)
}

function endServerResponse(serverResponse) {
  serverResponse.end('Hello, world!\n')
}
```

serverRequestHandler 回调函数处理对服务器的请求。调用该函数，传入“request”（请求）对象和“response”（响应）对象。请求对象包含当前请求的所有必要信息，并提供访问数据的功能。响应对象提供构造和发送响应的能力。需要注意的是，serverRequestHandler 函数调用 endServerResponse 函数。这一点非常有趣，因为调用 serverRequestHandler 函数，它的运行环境不同于其定义环境。endServerResponse 函数本无法调用，但由于 JavaScript 存在闭包机制，即定义 serverRequestHandler 时所有可用变量，不管日后该函数在哪里调用，仍可以使用这些变量，因此 serverRequestHandler 函数可调用它。

接着，我们创建一个新的服务器，传入处理请求的函数。系统缓存该函数，每次发往服务器的请求，将被添加到等待调用的回调函数队列：

```
var httpServer = http.createServer(serverRequestHandler)
```

最后，我们监听主机 3620 端口，开始接收连接：

```
httpServer.listen(3620, '127.0.0.1')
```

上面这行代码最为重要。执行完该行代码，系统开始监听请求，必要时即时触发合适的事件，调用必要的回调函数。

并发

Node.js 是单线程。我们讨论这句话是什么意思之前，先讨论并发（Concurrency）。很多人似乎对并发理解有误，他们误以为并发跟并行（Parallelism）完全相同。两者虽有联系，但并不相同。

并发是指一组任务可在重叠的时间段内开始、运行和结束。这些任务也许从未同时运行，但它们实际上可以这样做。并行是指一组任务在同一时刻运行。

当我说 Node.js 是单线程，指的是 Node.js 事件循环在任意时间点最多只能管理一个线程，当然也就只有一个调用栈。按照同样逻辑，事件循环只能同时处理一个请求，这一点很重要，需注意。

因此，虽然能用 Node.js 编写高并发的服务器，但服务器一次只能处理一个请求。该特性虽难以理解但却非常重要，若考虑用 Node.js 实现并发，需注意这一点。

我们结合上节的 HTTP 服务器示例来理解我所讲的并发到底是什么意思。当一个请求发送至服务器，“请求”事件被触发，获取到请求数据，请求处理函数被加入任务队列。当调用栈空闲，事件循环无事可做时，将调用请求处理函数。服务器能够并发地处理大量请求，因为每个请求都被快速、独立处理，因而未造成阻断。

为事件循环增加任务

假如我们想让事件循环多做一点工作。有没有高效的方法？有！

`process.nextTick` 是我们的救星！你可以为 Node.js 事件循环加入回调函数，下次循环可立即调用它：

```
function runCPUIntensiveTask(data) {
  if (data === null) {
    return
```

```
    }
    // Do some CPU-intensive work ...
    process.nextTick(function () {
      runCPUIntensiveTask(newData)
    })
  }
```

该例中的 runCPUIntensiveTask 函数以递归的方式处理一些 CPU 密集型任务。然而，只是递归调用该函数将阻断事件循环，因此我们在事件循环中处理递归。我们让事件循环做它该做的事，然后调用 runCPUIntensiveTask 执行其他任务，重复执行该过程，事件循环并未被阻断。

以上就是 Node.js 事件循环的基础。理解 Node.js 的事件循环是高效使用 Node.js 的关键，因此我希望我把易于混淆的这部分知识向你讲清楚了。

第 11 章

JavaScript 是……

Sara Chipps

我们理解透彻、能向计算机解释的称之为科学。我们所做的其余工作称之为艺术。

—— 高德纳

世上有很多人并不喜欢 JavaScript，这我能够理解。我曾多次为了 CoffeeScript 与别人论战到深夜，听他们说尽尖酸刻薄的话。但通常我却不为之所动。我认为花括号优雅无比，分号令人销魂，鸭子类型楚楚动人。我借写作本章的机会向读者分享 JavaScript 的哪些特点我最喜欢。

JavaScript 是动态的

JavaScript 利用虚拟机即时（JIT）编译（相关示例请见 V8、Node.js 和 Spider Monkey）。JavaScript 的闭包用得非常出色，变量可存在于全局和函数级作用域。

比如以下函数：

```
function CheckForPrefix(name){
  var prefix = "Dr.";

  if (name.indexOf(prefix) == -1)
    return function AddPrefix(){
      return prefix + name;
    }
}
```

JavaScript 的闭包机制使得我们可以引用定义在所包含函数中的变量。我们既可以做到分离关注点（separation of concerns），同时还可避免重复性的工作。

JavaScript 的 `eval` 函数，支持在运行时拼接表达式并求值。由于 `eval` 增加了编译步骤，因此会降低运行速度，所以要少用。然而，我们可用它创建宏，这是动态语言的另一特点。

JavaScript 可以是静态的

我很享受 JavaScript 带给我们的丰富的动态类型，但不要用之过度。最近因为项目需要，我恶补 C++ 知识，直到今天我还在抱怨它的类型。朋友跟我聊天时曾说过："我喜欢静态类型的语言，因为没必要编写测试。"先不嘲笑测试，静态语言先编译再执行，安全性很高。很多人为 JavaScript 代码编写了静态封装器。对 JavaScript 做类型检查不切实际，如果你硬要在代码中加上类型检查。代码类似于：

```
switch(typeof input) {
  case('number'):
    if(Math.Floor(foo) == foo)
      console.log("This variable is an integer");
    else
      console.log("This variable is a floating point");
    break;
  case('string'):
    console.log("This variable is a string");
    break;
  case('object'):
    if(foo instanceof Array)
      console.log("This variable is an array");
}
```

CoffeeScript Wiki（*http://bit.ly/coffeescript_wiki*）上有个网页列出了可被编译为 JavaScript 的多种语言和库。写作本章时，静态语言部分有 16 种语言和库，其中包括 Dart，因为 Google 延续着将静态语言编译为 JavaScript 的路线。asm.js 等库在使用 JIT 之前先用编译器编译，可确保这些库不影响 Web 性能。

JavaScript 可以是函数式

遇到自称是专门从事 Scala、Haskell 甚至 F# 的开发者，我的反应总是"呀！这可是正统语言。"函数语言以吸引杰出开发者、解决难题而名声远播，比如解决管理数百万级股票市场交易数据或确保所有的推文送达另一端这样的难题。

而 JavaScript 同样是正统语言，它具有第一等的函数，具备函数式编程的特点。我喜欢这些函数，因为它们能带给你惊奇感，“奇怪，竟是函数！”你认为它们是变量，实际却不是。

我个人非常喜欢下面这种用第一等函数实现的开关函数（汇率为写作本书时的）：

```
function getLocalTotal(country, price) {
  var currency = {
    'dollar': function(price) {
      return price;
    },
    'pound': function(price) {
      return price * 0.61      // Else
    },
    'peso': function(price) {
      return price * 13.27
    },
    'kroner': function(price) {
      return price * 5.48    }
  };

  if (currency[country.currancy])
    return currency[country.currency](price);
  else
    return currency.dollar(price);
}
```

JavaScript 可以实现一切

初次接触 JavaScript，我对它的认识仅止于为网站添加动态效果的功能性语言。那时还没有 jQuery 这样的库；无法在浏览器内调错；没有 Web 服务器或桌面应用。我曾问过开发者，他们见过的用 JavaScript 实现的最出色的产品是什么，答案五花八门，多得大脑装不下：有的说 WebGL 版 Quake 游戏中分析液体的盒子，集 Web 服务器功能与一体的无人机系统、查询自己基因的库，当然还有包容、创新和不断扩展中的 Node.js 社区。JavaScript 帮我发现了硬件的乐趣。这是继 JavaScript 之后，我的又一大爱好。我期待看到 JavaScript 接下来将我们带向何方。

第 12 章

编码超乎逻辑之上

Daryl Koopersmith

地下室

“过来看看！”我坐在学院公寓大楼地下室一把破旧的灰褐色椅子上，盯着一大堆图表、图标和代码。两位职业物理学家微笑地望着我。一个说，“很简单。你知道怎么回事，对吧！”

我停下来，皱起眉头，来来回回读代码。屏幕上的代码看起来就像是满黑板的高中代数推导。

“我不知道，”我耸耸肩。“你编写了几个循环，生成一张图，但是我完全看不懂这些代码到底是什么意思。”

他们解释图像生成的代码时，我不住地在想，命名贴切的变量在哪里？注释在哪里？他们的编程是谁教的？

Quine 悖论

逻辑学家 William Van Orman Quine 于 20 世纪探讨了自指的局限性（以及很多其他哲学和逻辑概念）。他在“The Ways of Paradox”（悖论的各种形式）一文探讨了间接指代可被用于说谎者悖论（“接下来说的是错的。前面说的是对的”）。除了读上去像是费解的面试问题，Quine 悖论无意中为一个存在了几十年的编程难题奠定了基础：

“放在其引文形式后面得到假句子”放在其引文形式后面得到假句子。[译注1]

上述句子包含一处引用，该句子的意思是，被引用的内容重复出现两次，其中第1次用引号引起来，整个句子结论为假。而这个结论正是被引用的句子。因此上述句子当且仅当结论为假时才为真。

上述悖论是侯世达(Douglas Hofstadter)于1979年所写的《哥德尔、艾舍尔、巴赫——集异璧之大成》一书中乌龟和阿基里斯一次谈话的主题。在这次对话中，乌龟新造了一个动词“扤捏”（quine）：

> **乌龟**：以我来看，这是非常重要的表达方式。事实上，在引用的短语之后再添加这些短语，这种做法极其重要，因此我想我要给它取个名字。
>
> **阿基里斯**：你要给它取名字？你想给这种愚蠢的做法取个什么荣耀的名字呢？
>
> **乌龟**：我认为我会叫它“扤捏一个短语”来扤捏一个短语。

侯世达继续演绎他的理论并终获普利策奖，大约在1988~1998年这10年之间，上述对话激发了扤捏（名词）这一定义的出现，并被程序员行话大全Jargon File收录：

> quine：/kwi:n/，名词。一段将自己的源代码作为全部输出的程序。用某种编程语言，编写最短的扤捏程序成为程序员颇烧脑子的娱乐方式。

恰好程序员Gary P. Thompson II及时给出了这一定义，Quine Page（*http://bit.ly/quine_page*）应运而生：该网站以收集了50多种语言的一系列扤捏程序（该网站底部有两块使用了斜面效果的色块，上书“Lynx enhanced”和“vi powered”字样，鼓吹网站改进了Lynx文本浏览器且由vi驱动）而骄傲。Thompson认为Jargon File中的quine词条受了他的启发，于是如今Jargon File将该词条链接到The Quine Page网站，并将其称之为“amusing”（有趣的），让人忍俊不禁。

扤捏程序就像是一条衔着尾巴的蛇，其目的就是复制自己作为输出。但从形式上来讲，扤捏程序就像是艺术性极强的谜语，也像是厚着脸皮显摆自己的创造力。扤捏程序只关注代码自身。它存在的意义是要人们仔细把玩。

译注1：该句采用郭维德等前辈的译文，详见《哥德尔、艾舍尔、巴赫——集异璧之大成》661页。下面quine的翻译“扤捏”以及“quine a phrase”的译文也参考了该书，在此表示诚挚的感谢和敬意。

下面的拡摁程序是受 The Quine Page 网站 Geoffrey A. Swift 所写的拡摁程序启发得到的。第一次读感觉有点乱，因此我们逐步来看：

```
var a = []; a[0] = 'var a = []; ';
a[1] = 'a[';
a[2] = '] = ';
a[3] = '\'';
a[4] = '\\';
a[5] = ';';
a[6] = '';
a[7] = 'for(var i = 0; i < a.length; i++) console.log((i == 0 ? a[0] : a[6])\
+ a[1] + i + a[2] + a[3] + ((i == 3 || i == 4) ? a[4] : a[6]) + a[i] + a[3] \
+ a[5] + (i == 7 ? a[7] : a[6]))'; for(var i = 0; i < a.length; i++) \
console.log((i == 0 ? a[0] : a[6]) + a[1] + i + a[2] + a[3] + \

((i == 3 || i == 4) ? a[4] : a[6]) + a[i] + a[3] + a[5] + (i == 7 ? a[7] : \
a[6]))
```

这是一段纯正的拡摁程序，用简单的结构重造自己的 JavaScript 程序。首先，我们声明一个数组，数组的元素映射到输出目标程序所需的字符串。然后，我们遍历循环产生实际的输出。

请考虑当 i 等于 1 时的循环体：

```
console.log((i == 0 ? a[0] : a[6]) + a[1] + i + a[2] + a[3] +
  ((i == 3 || i == 4) ? a[4] : a[6]) + a[i] + a[3] + a[5] +
  (i == 7 ? a[7] : a[6]))
```

既然每处三元运算，条件不满足时，值为 a[6]，而 a[6] 对应的是空字符串。既然当 i 为 1 时，三元运算的结果为空字符串，因此可将其删除：

```
console.log(a[1] + i + a[2] + a[3] + a[i] + a[3] + a[5])
```

将数组元素替换为它们对应的字符串，得到：

```
console.log('a[' + i + '] = '+ '\'' + a[i] + '\'' + ';')
```

输出结果与前面第 2 行代码相同。

```
a[1] = 'a[';
```

循环体中的三个条件语句，分别输出最初的数组声明，对带有斜线的值做转义处理，输出 for 循环。

然而，并不是所有 JavaScript 扛摁程序都那么复杂。JavaScript 允许我们找点巧，比如 James Halliday 实现的扛摁程序：

```
(function f() { console.log('(' + f.toString() + ')()') })()
```

简单多了吧。这行代码的关键在于 f.toString。在函数上调用 toString 方法，以字符串形式返回该程序的源代码（并且保留原有空格）。若要编写一个调用时返回自己源代码的函数，我们可以这么写：

```
function f() { console.log(f.toString()) }
```

然而，将上述代码作为程序运行，不会得到输出结果，因为该函数需要被调用。我们将上述程序放到小括号中，告诉解释器应该将该函数作为表达式来处理。再在后面添加小括号调用前面这个函数：

```
(function f() { console.log(f.toString()) })()
```

然而，上述程序输出了不带小括号的函数源代码。为了将该段程序改写为扛摁，还得考虑怎样输出括号：

```
(function f() { console.log('(' + f.toString() + ')()') })()
```

该示例还透露出自指是一种递归形式。我们稍加改动，将 console.log 替换为 eval，就能将这段扛摁程序转换为一个无穷的循环：

```
(function f() { eval('(' + f.toString() + ')()') })()
```

不是所有的扛摁程序都这么好理解。Ben Alman 的这段扛摁程序信息量很大，最初是作为推文发出来的（该推文的话题名当然是 #quine）：

```
!function $(){console.log('!'+$+'()')}()
```

Ben 的扛摁程序从概念上来讲与我们刚分析的 quine 程序相同，但极其紧凑和晦涩。我们用来包裹函数的括号被替换为放在最前面的 ! 运算符，这两种方法均是为了确保函数被解释为表达式。然后，他将函数重命名为 $，为调配的混合饮料加一点香料，$ 看上去应该是运算符，但实际上并不是。console.log 语句内部再次使用 ! 运算符（毕竟是扛摁程序），并与后面的 $ 方法和调用函数的括号相拼接。toString 方法不见了。字符串与函数拼接，隐式调用函数的 toString 方法。

虽然上述两段扛摁程序背后的技术完全相同，但是曲调大相径庭。第 1 段扛摁程序以实用为目的，易于理解，而第 2 段扛摁程序紧凑和腼腆。但若谈论起扛摁程序的艺术性，这两段程序比起 Yusuke Endoh 的工作，只算上冰山一角。

Yusuke Endoh 自诩为 “扛摁程序员”，他是 Ruby 编程语言的贡献者。他最为人知的？摁程序是 Quine Relay，这段程序从 Ruby 开始相继生成 50 种编程语言，最后又生成一开始的 Ruby 程序。他的另一作品是改编过的扛摁程序 Radiation Hardened Quine，它能在随机删除原始程序的某个字符之后，重新生成原始程序。他还编写了一段扛摁程序，中间嵌入了一个转动的地球（“Qlobe”）， 同样的功能他又用 Piet 语言实现了一遍。用 Piet 语言写出来的程序，看上去彷佛是抽象的艺术。

Endoh 的工作推动了扛摁程序作为形式语言的发展，将其发展为表达创意的工具。他的扛摁程序成为爱好者的最高行动纲领，他的每一段扛摁程序都是充满了神秘色彩、貌似不切实际却自己能支持自己的纸牌屋。形式上的严格增强了代码的可读性，因为扛摁程序的意图和结构是有限和不容商量的。扛摁程序的目的是复制自身。输入代码，运行后输出同一段代码。正如在科学实验中，恒温控制有助于把精力放到对其余变量的深入和更加专注的分析上，扛摁程序使得我们可以关注创作者的意图以及扛摁程序是如何实现自身目标的。

虽然扛摁程序在平时的编程工作中不是特别有用（当然除非你是 Yusuke Endoh），但是它们优雅地表现了在受限的情况下如何编写代码。尽管扛摁程序的需求很简单，但是要满足形式上的要求，往往会迫使程序员规避最佳实践，扭曲代码直到它们能输出自身。

有时为了迎合各种限制，会违背传统的编程智慧。你一开始可能犹豫不前（你很可能感觉这么编写代码很脏），但也许这就是解决手头问题最有效的方法。每一段程序都要做一定的取舍。

循环遍历这个例子非常有代表性：

```
for (var i = 0; i < 100; i++) {
  doSomething(i)
}
```

在理想的环境下，每次循环的开销（增加 i 的值并检查 i 是否小于 100）比起执行 doSomething 函数的开销可以说是微不足道的。这一定是最理想的情况。但出于某些原因，每次循环开销很大，那么你需要使用其他方案：

```
for (var i = 0; i < 100; i += 4) {
  doSomething(i)
  doSomething(i + 1)
  doSomething(i + 2)
  doSomething(i + 3)
}
```

该循环没有之前那个优雅，我们把之前的 4 次循环挤到现有的 1 次循环之中。若其性能较之前的循环（假设每次循环开销很小）有大幅提升，我们将选用这种方式。

令人感激涕零的是，这种问题往往不用你参与，编译器或解释器会以透明的方式解决掉：编译器或解释器遇到第 1 个循环时，如果循环遍历效率更高，将使用遍历方法。

JavaScirpt 语言中一个更加实际的例子是遍历数组：

```
function loop(items) {
  for (var i = 0; i < items.length; i++) {
    doSomething(i)
  }
}
```

曾经有段时间，Web 上充斥着题为“你永远都不相信这位 Web 开发人员是这样遍历数组的”的这类文章，倡导遍历前先将数组的长度存储到一个变量中：

```
function loop(items) {
  for (var i = 0, len = items.length; i < len; i++) {
    doSomething(i)
  }
}
```

有阵子，上述方法在大多数浏览器里都能带来性能上的些微提升。但现在却会降低性能：浏览器引擎识别第 1 个示例那种模式，然后再做优化。

假如 JavaScript 数组没有 length 属性，而是有 count 方法，每次遍历时调用该方法（不用费劲多想，PHP 用的就是这种方法）：

```
function loop(items) {
  for (var i = 0, len = items.count(); i < len; i++) {
    doSomething(i)
  }
}
```

该例中，将数组的长度存储到变量中性能有显著提升，虽则降低了可读性，但也是值得的。

如果我们从更广阔的视角出发，几乎所有这些微小的优化都是不必要的，只会增加代码的复杂度。我们 JavaScript 社区在宣扬某些模式时，其实并未理解或解释它们背后的思考过程。

abc 猜想

望月新一既是世界上唯一的“内通用几何学家”，也是当前唯一理解它的人。对我们而言，望月新一是一位数学家。他花了大约 20 年时间解决了 *abc* 猜想（*http://bit.ly/abc_conjecture*），如果该命题得以证明的话，将确立尚不为人所知的素数的基本属性。2012 年 8 月，他发表了长达 512 页的证明过程。

三年以后，他的证明方法尚未被证实，但并不是没人尝试去做。部分原因也许在于望月新一在证明过程使用了自己发明的一个全新的数学分支“内通用几何”，而该分支又建立在阿贝尔几何这一复杂、小众的数学分支之上。如果你希望寻找进入成千上万页数学文献的小径，很不幸你运气不好。望月新一实际上拒绝讲授该主题，只是在日本他工作的大学召开过为数不多的几场研讨会。

难怪证明过程尚待解密。我们透过表象来看待这个问题，它像极了一名工程师要求提交代码，他用自己专门为此开发的新编程语言重写了 Linux 内核，提交代码时又不做任何解释或添加注释。即使新 Linux 内核运行无误，我们也不能合并其代码。

对望月新一而言，他证明了 abc 猜想，但对其他人而言，它仍是悬而未决的问题。当我们问起望月新一的证明，数学教授 Cathy O’Neil 说，“如果你没有做出解释，你就不能说你已经证明了。证明过程是一种社会结构。如果社区不理解，就跟没证明一样。”

JavaScript 虽不像数学那样背负着证明的重担（很幸运我们不用证明），但是软件以非常相同的方式运作。作为软件的开发者，你必须明确用户的存在：维护者、贡献者和阅读代码的人。如果他们不能理解你的代码，又怎能期望它能长久？

软件是一种社会结构体。拉取代码做出改动，在合并之前，项目的维护方必须能够理解并同意你这么做。文档能让人看懂才有价值。API 只有给出清楚地解释，他人才能使用。

即使代码都是你一个人写的，以上要求也适用，只是易被忽略而已。虽然你对自己思考过程的理解较他人深入，但你的记忆在不停地衰退。编写代码时还记得很清楚，但随后的几周、几个月甚至几年，就会出现记不清甚至忘记的情况。写完代码 6 个月后，你决定要重构代码，如果你之前写了文档，你将庆幸无比。

我们制定社会规则来管控我们的代码：常用的设计模式、风格指南以及共同遵守的理念。我们渴望理解代码，我们对代码的理解应该一致且透彻，我们应该消灭风格指南的千差万别，保证每个变量名易于理解。大家喜欢就他们都能发表意见的小问题纠缠不清，这种情况也要避免。即使有意见也应该是针对多少更加理智些的问题。

虽然同一代码库，每行代码完全遵照编码规范来写没问题，但若多人共用一个代码库，容易出问题。规范没有指定的地方容易出问题，运算符之间有没有空格或方法在哪种情况要早些返回结果。下面这句话最能说明问题：我们每个人思考问题的方式不同。我们把一些特定的模式当做我们的拐杖，我们也许喜欢使用工厂模式或某种继承方法，也许喜欢更偏函数式的方法。

代码只是问题的表面，它实则是开发人员想法和文化的写照。代码背后开发人员的思考过程很容易丢失，它们散布在代码评审记录、会议纪要当中，尘封在机构记忆的角落里。1994 年，数学家 William Thurston 发表了“On Proof and Progress in Mathematics”一文（*http://bit.ly/thurston_paper*），这是一篇研究数学文化的学术论文。Thurston 观察到在学术著作的传播过程，形式主义是怎样湮没了机构的思考过程：

> 我们思考数学和写作数学内容，两者的巨大不同带来另外一种结果。彼此交往的一组数据家可以使一组数据概念活跃数年，即使他们的数学工作被记录下来的版本与他们实际想法不同。他们对语言、符号、逻辑和形式更加看重。但是当来自新分支的数学家学习这些内容时，他们倾向于从表面上去理解他们读到和听到的内容，因此更易于记录和交流的形式和手段趋向于湮没其他思考模式。

JavaScript 亦是如此。共有知识是编程的根基。每段程序都是在日益成长的海量抽象方法基础上开发出来的。最易于理解的程序重用并扩展我们的集体智慧，利用了熟悉的模式。它们意识到了读者的存在。

作为工程师，我们的目标是最小化思考过程和最终结果之间的距离。为什么选用这种方案？陷阱在哪里？机构范围的记忆是编写代码不可避免的副产品。它们无法完美地表达我们的思考过程，但是我们有必要去尝试记录思考过程，并让整个机构熟知并记住该过程。

同行评审

望月新一的表现使他看上去像是演绎了一回真人版的Quine悖论。他的工作很大程度上都是自己指认的，他的“我说我证明了”的态度与以正确、严谨和重视同行评审的社区直接相抵触。他若无法使世人相信他的证明，他的工作有变成像扤揌程序那样的装饰品的风险。随着时间的发展，他还是有希望解释自己的工作。

2014年12月，望月新一在个人网站（*http://www.kurims.kyoto-u.ac.jp/~motizuki/top-english.html*，网站做得很出色，单是它自身就很值得一看，放有望月新一的照片，照片中的他严肃地望着远方，周围环绕着气泡和类似剪贴画教科书中的插图的动态GIF图，字体多样，页面色彩的亮度也很讲究）发表了一份进度报告。他在报告中多次表扬他的三位合作者，批评了所有其他有待提高的数学家。该报告，斜体样式用得真不少。

望月新一宣称“[证明过程的]验证，对于所有实际应用来说，已算完整。”他强调“认真阅读相关论文极其重要。”他认为关注证明过程的其他所有数学家“完全是数学学科的新手”且“根本不具备给出可信的（从数学学科角度来讲有意义的）判断的资格。”

望月新一有点敏感。在三位评审专家的帮助下，他的工作很可能会被证实。但即使得到证实，他也面临同样的危险。如果无人理解他的工作，他发明的理论纯粹是装饰性的，只有自我认可的一次煞费苦心的练习。尽管他不断地警告和讽刺，他似乎也明白了，并已找到一种策略以保证他的工作成为数学准则的一部分：

> 有鉴于近期事情的发展状况，唯一合理的行动方案是从长计议，通过一位位地培养研究者，最终形成一定的数量，以推动该理论的宣传工作。

现在他正变得理智起来。

成功代码的仲裁者不是代码的作者而是读者和时间。真正重要的是和你代码打交道的人，而不是你自己。

过去二十年，JavaScript 发展迅猛，成长为一个由程序员、浏览器、库、服务器、框架和标准化组织组成的仍在扩展中的生态系统。开发者不断分享和吸取他人经验，JavaScript 在混沌中长成。正如 Paul Ford（*http://bit.ly/ford_what_is_code*）所写道的，

> “发明一门新语言很难，让它流行起来更难，得运气好才行。有着广阔用户群的语言，调整其用法可谓是人类所能做的最困难的事情之一，必得要数年的协调，使标准趋于一致。语言是人类文化庞大、复杂和动态的表达。”

通过集体努力，我们已战胜了死板、闭塞和以“实际上……”开头的注释，建立起我们的语言和思考过程能够得以进化的生态系统。但是我们只有相互倾听才能成长。

这令我不禁再次想到在地下室的场景。想到我的物理学家朋友认为我看到图像和几个变量就能立即知道他们要实现什么，我不禁笑了起来。

我最初所经历的，其实是程序作为逻辑结构和文化表达方式之间的脱节。我的眼睛扫视一遍循环、变量和方法，但是我没能理解代码的目的和背景。只是因为我知道怎样编程，就期望我能理解代码背后的意图，是高看我的能力，但这是不可能的。

他们的编程是谁教的？后来我明白是数学家和物理学家教的。我逐渐意识到他们编写的程序与我对程序的认识不一致并不意味着他们的程序是错误的或无效的，这只是表明我不是目标读者。我当时是出于骄傲自大才断定他们的代码写的不好。也许我当时不应该如此轻率。他们分享他们的成果，我理解了他们的解释，这就是很大的成功。

即使是扤揔程序也不是孤立存在的。扤揔程序不只是作者用来练习，也是面向读者的。扤揔程序也是要分享给大家看的。这是 The Quine Page 网站的真正目的，正如 Thompson 所写的“这些程序是为教育目的而编写的，是为了提升人们的计算机科学技能。创建这样一个程序而不分享你自己独一无二的解决方案实在是自相矛盾。”

作为工程师，我们不断地强化程序是逻辑结构体这一理念，但是程序还是一种交流方式，没有哪种交流方式能够完美地传达意图。除了逻辑，代码还有更多功能。编程过程会丢失原来的意图，而它的美正在丢失的意图之中。

第 13 章

JavaScript 机灵又美丽

Graeme Roberts

宽松的美

我可以肯定地说 JavaScript 很美。美是用眼睛看到的，若拿在手中把玩，你将发现这门语言柔似橡皮泥，可随意捏造和改变其造型，它是不会抗议你的虐待。你输入给它的代码，它奉之如上帝的箴言。

我想美是一种相当个性化的体验。比如有人憎恨下雨，有人却为之激动地哭泣，当雨滴砸在皮肤上，他们能感受到雨滴中所蕴含的生命力。

JavaScript 就像上面说的雨，给开发者带来不同的体验。

有些开发者，若他们信任的前辈不认可的东西，他们也对其心存恐惧，反对使用。实验、思考、发明、把玩、发现和学习新东西在他们看来好像应处以极刑。

本书的几位作者非常熟练地向我们展示了这门语言的结构之美，我们认可使用的某些功能的安全性。

其他作者则根据自身经验、自信和对自身技艺的透彻理解，展示了这门语言的优雅之处，让我们见识了这些常被人们痛斥的功能能为精通它的用户带来多大的力量和简洁方面的好处。

达利作品的抽象性

萨尔瓦多•达利（Dalí）的作品常常是抽象的，让人内心不安，产生陌生感，使人着迷，或滑稽可笑，令人惊讶，他的作品很美。

JavaScript 的某些方面蕴含着同样的美，这就是我接下来想探讨的。

达利的 JavaScript

```
Array.apply(null, { length: 10 }).map(eval.call, Number)
// → [0, 1, 2, 3, 4, 5, 6, 7, 8, 9]
```

继续阅读之前，花点时间理解这段代码，直到你脑海中的隐性时钟融化掉你惯用的 repl 模式（读取，求值，输出循环）。

这种美恰好是丑陋的表现？

我明白为什么诽谤者也许会说上面这种写法恰恰是非常丑陋的。他们也许知道在其他语言中，上述代码所要表达的意思将被写成诸如 `range(10)` 这样更友好的形式。

但尝试让这种感觉尽快过去。或者，最好假设我们真正想做的是类似 `Math.range(10)` 这样的操作，以便尽情欣赏该方法真正的美感。

多此一举，不尽人意

`Array.apply(null, { length: 10 })` 和 `Array.apply(null, Array(10))` 生成包含 10 个 `undefined` 的数组，这两种方法不尽人意，多少还有点令人反感，它生成的不是长度为 10、未定义内容的数组。

美在于疯狂

使用上述方法，我们得到如下数组，有点意思：

```
[undefined, undefined, undefined, undefined, undefined, undefined, undefined,
 undefined, undefined, undefined]
```

它没能使你兴奋。“我毫不为之所动”，我假装自己知道你怎么想。

但是，亲爱的读者，你将从map(eval.call, Number)的疯狂中找到我向你许诺的美。

这里并不是一定要用eval。我因其短小（并且敲eval这个单词让我找到一种顽皮的感觉）才使用它。任何函数都可以，function(){}.call也可以。我们想要的是call！

我们稍微看下map

你很可能已知道这一切。对不起。

Array.prototype.map以回调函数为参数，对数组每个元素调用回调函数。调用回调函数时，需传入数组的元素、索引和整个数组。最后，返回一个新数组，其元素为回调函数的返回结果。

将原生的构造器传给[].map，该方法是JavaScript蕴含的一座金矿：

```
["10", "20", "lol"].map(Number)
// → [10, 20, NaN]
```

很可爱，对吧？我也喜欢[].filter；这只是其中一种真正可爱的JavaScript用法：

```
["10", "20", "lol"].map(Number).filter(Boolean)
// → [10, 20]
```

你好，thisArg

[].map还可以带第2个参数，即调用回调函数时的上下文或thisArg。回调函数处理元素时，该对象的作用相当于this：

```
["lol", "wow", "ok"].map(function(string) {
  return this[string];
}, {
  lol: "yeah!",
  wow: "alright!",
  ok: "cool!"
});
// → ["yeah!", "alright!", "cool!"]
```

因此本质上等同于[].map(fn.bind(obj))。

好吧！[].map 的这些内容我都知道了，又怎么了？

我们再看看具有抽象美感的达利 map：

```
Array(null, { length: 10 }).map(eval.call, Number)
```

太棒了。只用了 38 个字符。接下来要做什么？

调用所有的参数

Function.prototype.call 接收一个 thisArg 参数，因此我们才能沉浸于这样的快乐中，它就像是永远仁慈的 var args = [].slice.call(arguments)。追加的参数在函数调用时传入。

Number 函数

Number 接受一个参数。它认真地劝诱参数将其变为数字：

```
Number(" 47 ")
// → 47
Number(true)
// 1
```

现在我知道了一切

最后再看一次：

```
Array(null, { length: 10 }).map(eval.call, Number)
```

对于数组的每个 undefined 元素，调用 Function.prototype.call，以 Number 作为 this 上下文，类似于：

```
Function.prototype.call.bind(Number, undefined, index, array);
```

类似于：

```
Number.call(undefined, index, array)
```

等价于参数为 index 和 array 的 Number 函数有一个 this 上下文 undefined（因为 Number 不使用 this，因此没有影响）：

```
Number(index, array)
```

Number 忽略数组，返回数字。新数组的索引与旧数组相同。

疯狂

现在，显然已经到了完全疯狂的地步。

喜欢吧，真正精神上的疯狂。

但是这个语句华丽地展示了我所认为的甜蜜的 JavaScript 其中一个最耀眼和强大的机制：以你选定的任意对象作为上下文，调用任意函数的能力。我真的认为这便是 JavaScript 美之所在。

我也是下雨天在外边大喊大叫的疯子中的一个。

第 14 章

函数式编程

Anton Kovalyov

JavaScript 是函数式编程语言吗？一直以来，我们社区对该问题的争议很大。鉴于 JavaScript 的作者曾受雇开发“浏览器中的 Scheme 语言”，我们可以说 JavaScript 作者的初衷是人们可以将其用作函数式语言。另一方面，JavaScript 的句法非常像 Java 之类的面向对象的编程语言，因此它的使用方式应该也类似于它们。也许就此会有另一番争论和反驳，随后你意识到这一天在争吵过去了，你什么有用的事也没做。

本章不是纯粹讲解函数式编程，也不是要改变 JavaScript 使其看起来像纯正的函数式语言。相反，本章从实用的角度出发，介绍 JavaScript 的函数式编程方法。程序员可利用函数式编程方法简化代码，增强代码的健壮性。

函数式编程

编程语言多种多样。Go 和 C 之类的语言称为过程性语言：主要编程单元为过程。Java 和 SmallTalk 之类的语言为面向对象的语言：主要编程单元为对象。这两种方法都是命令式的，即它们依赖于对机器状态起作用的命令。命令式程序执行一系列命令，不断修改系统的内部状态。

另一方面，函数式编程面向表达式。表达式（或者，倒不如说是纯正的表达式）没有状态一说，因为对其求值只会得到值。它们不会改变自己作用域之外变量的状态，并且它们不依赖于在其作用域之外能被改变的数据。因此，用表达式的值替换表达式，不会改变程序的行为。举个例子：

```
function add(a, b) {
  return a + b
}

add(add(2, 3), add(4, 1)) // 10
```

为了说明替换表达式的过程，我们对该例的表达式求值。首先来看如下表达式，它调用了 3 次 add 函数：

```
add(add(2, 3), add(4, 1))
```

add 不依赖于其作用域之外的任何东西，因此我们可以将对 add 函数的调用替换为其内容。我们将第 1 个参数（不是原始值而是一个函数）add(2,3) 替换掉：

```
add(2 + 3 , add(4, 1))
```

然后，替换第 2 个参数：

```
add(2 + 3, 4 + 1)
```

最后，我们替换掉还剩下的一处函数调用，计算结果：

```
(2 + 3) + (4 + 1) // 10
```

允许用表达式的值替换表达式的这一特性叫做引用透明性（referential transparency）。这是函数式编程的基本特点之一。

函数式编程的另一重要特点是函数是第一等公民。Michael Fogus 在他的《JavaScript 函数式编程》一书中，对函数是第一等公民的解释非常棒，他下的定义是我见过的最好的定义之一：

> 术语“第一等”的意思是具有该称谓的元素只是一个值。第一等函数指可以出现在其他值所处位置的函数，只有很少甚至没有限制。JavaScript 中的数值当然是第一等的，因而第一等函数具有类似性质：
>
> - 数值可存储于变量中，函数亦可：
>
>   ```
>   var fortytwo = function() { return 42 };
>   ```
>
> - 数值可存储于数组中作为一个元素，函数亦可：
>
>   ```
>   var fortytwos = [42, function() { return 42 }];
>   ```

- 数值可以存储为对象的字段，函数亦可：

```
var fortytwos = {number: 42, fun: function() { return 42 }};
```

- 数值可根据需要创建，函数亦可：

```
42 + (function() { return 42 })(); // => 84
```

- 数值可传给函数作参数，函数亦可：

```
function weirdAdd(n, f) { return n + f() }
weirdAdd(42, function() { return 42 }); // => 84
```

- 数值可作为函数的返回结果，函数亦可：

```
return 42;
return function() { return 42 };
```

有了作为第一等公民的函数，使得函数式编程的另一重要特点成为可能：高阶函数。高阶函数是指操作其他函数的函数。换言之，高阶函数以其他函数为参数、返回新函数，或两个特点都具备。其中一个最基础的例子是高阶 map 函数：

```
map([1, 2, 3], function (n) { return n + 1 }) // [2, 3, 4]
```

该函数有两个参数：一组值和另一个函数。其结果是一个新的列表，列表的每个元素是对原列表元素应用给定函数后得到的结果。

请留意上述 map 函数是如何利用先前介绍的函数式编程的 3 个基本特点的。它并未改变自己作用域之外的任何元素，除了参数值，它未使用作用域之外的任何数据。它接收函数作为第 2 个参数，将函数当第一等公民对待。因为它使用自身为函数的参数计算结果，所以可肯定地将其称为高阶函数。

函数式编程的其他特点包括递归、模式匹配和无限的数据结构（infinite data structure），本章将不再详细介绍。

函数式 JavaScript

那么，JavaScript 是一门真正的函数式编程语言吗？简要回答它不是。由于 JavaScript 不支持尾调用优化、模式匹配、不可变的数据结构以及函数式编程的其他基本特点，JavaScript 并不是传统意义上人们所认为的真正的函数式语言。人们当然可以尝试将其作为真正的函数式语言来使用，但依我之见，为此所付出的努力不仅徒劳无益而且还很危险。我们借用 Larry Paulson 的观点并加以阐释来说明这一点，他是 *Standard ML for Working Programmer* 的作者，他认为编程风格“几乎”是函数式的程序员，最好不要被引用透明性的错觉所引诱。对于 JavaScript 这样的语言尤其重要，因为 JavaScript 开发者几乎可以修改和重写该语言的所有东西。

拿 `JSON.stringify` 举例，该内置函数以对象为参数，返回其 JSON 格式：

```
JSON.stringify({ foo: "bar" }) // -> "{"foo":"bar"}"
```

也许有人认为该函数很纯粹，因为不管调用多少次或在什么上下文中调用，同一参数总是返回同一结果。但如果在别处，最有可能的是在不受你控制的代码中，有人重写了 `Object.prototype.toJSON` 方法，那会怎样？

```
JSON.stringify({ foo: "bar" })
// -> "{"foo":"bar"}"

Object.prototype.toJSON = function () {
  return "reality ain't always the truth"
}

JSON.stringify({ foo: "bar" })
// -> ""reality ain't always the truth""
```

如你所见，稍微修改内置的 `Object`，我们就可以修改外表看起来纯粹、符合预期功能的函数的行为。读取可变的引用和属性的函数不纯粹，JavaScript 的大部分规模不是很小的函数恰恰是这么做的。

我的观点是函数式编程，尤其是 JavaScript 函数式编程意在降低程序的复杂度，而不是为了固守某种编程范式。函数式编程不是要消除所有的变化；它意在减少这些变化，并清楚地表达它们。假如我们有如下函数 `merge`，它通过将两个数组的对应元素结合为一组，合并两个数组：

```
function merge(a, b) {
  b.forEach(function (v, i) { a[i] = [a[i], b[i]] })
}
```

该实现方法能够达到目的，但是它需要了解函数的行为：它修改的是第 1 个还是第 2 个参数？

```
var a = [1, 2, 3]
var b = ["one", "two", "three"]

merge(a, b)
a // -> [ [1, "one"], [2, "two"],.. ]
```

假如你不熟悉该函数。你略读代码以评审一处补丁，或只是要熟悉一个新的代码库。如果不读函数的具体实现代码，你无从知道它将第 1 个参数合并到第 2 个还是刚好相反。也有可能，因为这个函数不具有破坏性，有人干脆忘记使用它的返回值。

你还可以重写该函数，消除其破坏性。使用该函数的每个人都能清楚状态的改变：

```
function merge(a, b) {
  return a.map(function (v, i) { return [v, b[i]] })
}
```

新的实现方法并未修改参数，只不过所有的变化都必须以赋值的形式明确说明：

```
var a = [1, 2, 3]
var b = ["one", "two", "three"]

merge(a, b) // -> [ [1, "one"], [2, "two"],.. ]

// a and b still have their original values.
// Any change to the value of a will have to
// be explicit through an assignment:
a = merge(a, b)
```

为了进一步说明这两种方法的不同之处，我们运行该函数 3 次而不要将函数值赋给变量：

```
var a = [1, 2]
var b = ["one", "two"]

merge(a, b)
// -> [ [1, "one"], [2, "two"] ]; a and b are the same
merge(a, b)
// -> [ [1, "one"], [2, "two"] ]; a and b are the same
merge(a, b)
// -> [ [1, "one"], [2, "two"] ]; a and b are the same
```

如你所见，返回值一直未变。不论该函数运行多少次，相同输入总是得到相同输出。我们再对最初的实现进行同样的测试：

```
var a = [1, 2]
var b = ["one", "two"]

merge(a, b)
// -> undefined; a is now [ [1, "one"], [2, "two"] ]
merge(a, b)
// -> undefined; a is now [ [[1,"one"], "one"], [[2, "two"],"two"] ]
merge(a, b)
// -> undefined; a is even worse now; the universe imploded
```

merge 函数的这种实现方法还有另外一大优点，它可以作为值使用。我们既可返回计算结果或将其传递而不必创建临时变量，我们可将其作为存储着原始值的变量处理。

```
function prettyTable(table) {
  return table.map(function (row) {
    return row.join(" ")
  }).join("\n")
}
console.log(prettyTable(merge([1, 2, 3], ["one", "two", "three"])))
// prints:
// 1 "one"
// 2 "two"
// 3 "three"
```

这种函数叫做 *zip* 函数，在函数式编程中很常用。它适用于需通过匹配数组索引来对接多个数据源的情况。Underscore 和 LoDash 等 JavaScript 库提供 zip 实现以及其他帮助函数，因此无需在自己项目中重造轮子。

我们再看另一个示例，代码清晰明了胜似含混不清。JavaScript（它新近修订的版本至少如此）除了变量还可创建常量。常量可用 const 关键字创建。而其他人（也包括真诚的你）主要使用该关键字来声明模块级常量，我朋友 Nick Fitzgerald 为了清楚地区分哪个变量的值会被修改，哪个不会被修改时，几乎都要用到 const：

```
function invertSourceMaps(code, mappings) {
  const generator = new SourceMapGenerator(...)

  return DevToolsUtils.yieldingEach(mappings, function (m) {
    // ...
  })
}
```

使用该方法，你可以确定 generator 总是 SourceMapGenerator 的实例，而不管在何处使用。它虽未给予我们一种不可变的数据结构，但确实我们无法将该变量指向一个新对象。我们读代码时也不必跟踪它的变化。

接下来是函数式编程一个更大点的例子：几周前，我用 JavaScript 为 JSHint（*http://jshint.com/*）网站和个人博客编写了一个静态网站生成器。实际完成读取所有模板、生成网站并将其写回硬盘的主要模块仅由 3 个小型函数组成。第 1 个函数 read，接收路径作为参数，返回包含着整个目录树以及源文件内容的对象。第 2 个函数 build，负责所有的苦力活：将所有的模板和 Markdown 文件编译为 HTML，压缩静态文件等。第 3 个函数 write，接收站点结构，将其保存到硬盘。

以上三个函数完全没有共享的状态。每个函数都接收一组参数，返回某些数据。我在命令行使用的执行脚本准确来讲完成以下工作：

```
#!/usr/bin/env node

var oddweb = require("./index.js")
var args   = process.argv.slice(2)

oddweb.write(oddweb.build(oddweb.read(args[1]))
```

不费吹灰之力我还获得了插件，我若是要删除所有文件名以 *.draft* 结尾的文件，只需编写一个函数，以网站目录树作参数，返回一棵新目录树。然后，我将该函数安插到 read 和 write 之间，这样做令我感觉很美好。

函数式编程的另一优点在于单元测试更简单。纯函数(pure function)接受数据并计算，后返回计算结果。这表明纯函数的测试，只需输入数据，验证返回值是否符合预期即可。举个简单的例子，下面是 merge 函数的单元测试：

```
function testMerge() {
  var data = [
    { // Both lists have the same size
      a: [1, 2, 3],
      b: ["a", "b", "c"],
      ret: [ [1, "a"], [2, "b"], [3, "c"] ]
    },

    { // Second list is larger
      a: [1, 2],
      b: ["a", "b", "c"],
      ret: [ [1, "a"], [2, "b"] ]
    },

    { // Etc.
      ...
    }
  ]

  data.forEach(function (test) {
    isEqual(merge(test.a, test.b), test.ret)
  })
}
```

上述代码几乎像大白话。你可以清楚地看到输入数据和 merge 函数的返回结果。此外，以函数式编程方式编写代码，测试工作相应减少。我们最初实现的 merge 函数，修改了其参数，因此合理的测试应该覆盖用 Object.freeze 冻结其中一个参数这种情况。

上述例子的所有函数（forEach、isEqual 和 merge）的设计初衷是处理单个简单的内置数据类型。用处理简单数据类型的函数，组合在一起，构建程序，这种编程方式叫做数据驱动编程（data-driven programming）。用这种方式编写的程序清晰、优雅，扩展性好。

对象

这是否意味着你不应使用对象、构造器和原型继承？当然不是！放着能使代码易于理解和维护的方法不用，非常愚蠢。然而，JavaScript 程序员甚至在没有考虑是否存在更简单方式的前提下，就往往开始实现过于复杂的对象继承。

请考虑如下表示一个机器人的对象。该机器人会走，会说话，但是该对象毫无用处：

```
function Robot(name) {
  this.name = name
}

Robot.prototype = {
  talk: function (what)  { /* ... */ },
  walk: function (where) { /* ... */ }
}
```

如果你还想要两个机器人该怎么办：具备射击能力的保镖机器人和清洁卫生的家务机器人？大多数人也许会立即创建 Robot 对象的子对象 GuardRobot 和 HousekeeperRobot，继承父对象的属性和方法，并添加自有方法。但如果你又想要一个集保洁和射击功能于一身的机器人该怎么办？对于这种情况，结构的层级复杂度大幅提升，软件脆弱性显露。

再考虑另一种实现方法，用定义实例行为而不是类型的函数扩展实例。你拥有的不再是 GuardRobot 和 HousekeeperRobot；相反，你拥有一个能够打扫、射击或同时具备这两个功能的 Robot 实例。具体实现方式大概类似于：

```
function extend(robot, skills) {
  skills.forEach(function (skill) {
    robot[skill.name] = skill.fn.bind(null, rb)
  })

  return robot
}
```

如要使用该函数，只需实现你需要的行为，并将其绑定到目标实例：

```
function shoot(robot) { /* ... */ }
function clean(robot) { /* ... */ }

var rdo = new Robot("R. Daniel Olivaw")
extend(rdo, { shoot: shoot, clean: clean })

rdo.talk("Hi!") // OK
rdo.walk("Mozilla SF") // OK
rdo.shoot() // OK
rdo.clean() // OK
```

注意

朋友 Irakli Gozalishvili 读完本章后，留下评论说他有不同的方法。对象只用来存储数据如何？

```
function talk(robot)  { /* ... */ }
function shoot(robot) { /* ... */ }
function clean(robot) { /* ... */ }

var rdo = { name: "R. Daniel Olivaw" }

talk(rdo, "Hi!") // OK
walk(rdo, "Mozilla SF") // OK
shoot(rdo) // OK
clean(rdo) // OK
```

若用他的方法，你甚至不需要对对象做任何扩展：只需传入正确的对象即可。

本章开头，我曾警告 JavaScript 程序员不要被引用透明性的假象所引诱，纯函数式编程语言具有该特性。上述示例，函数 extend 接受一个对象作为第 1 个参数，修改该对象并返回修改后的。问题是 JavaScript 只有很有限的不可变类型。字符串是不可变的，数字也是。但对象（比如 Robot 的一个实例）是可变的。这表明 extend 不是纯函数，因其改变了传入其中的对象。你可以调用 extend 而不将其返回值赋给任何变量，但 rdo 仍将被修改。

现在做什么？

我主要的进步方向，是朝偏重函数式编程风格而努力，需要忘却大量旧习惯，躲开 OOP 的某些方向。

—— John Carmack

JavaScript 是一种多范式语言，支持面向对象、命令式和函数式风格。它提供了支持混用和搭配不同风格的框架，因此开发者可用其编写出优雅的程序。然而，有些程序员忘记了所有其他范式，只坚持使用自己最钟爱的。有时这种刻板是出于对走出舒适区的恐惧；有时是因为对前辈智慧的过于依赖。不管原因如何，这些人往往限制他们的选择，把自己限定在小天地里，要么固守自己的方法或是依赖大家都那么走的阳关大道。

寻求不同编程风格之间的平衡很难，非得经历一番实验，犯一定数量的错误不可。但挣扎是值得的。因为经过这番努力，代码将更易于理解，更加灵活。最终，调错时间将减少，留给创造新奇、有趣功能的时间会多起来。

因此，不要害怕尝试不同的语言特色和范式。它们就是要为你所用，而不会将你带入歧途。请记住：没有唯一正确的范式，而抛弃旧习惯，学习新东西，从什么时候开始都不晚。

第 15 章

前进

Rick Waldron

写这一章有点冒险，本书付梓之时，本章某些代码可能已不再适用。2015 年 6 月，ECMAScript 标准（*http://www.ecma-international.org/publications/standards/Ecma-262.htm*）的第 6 版计划发布，你读到本书时，本章要么是一座金矿[译注 1]要么已无用处。诚然，保持理智当然有它的好处，但勇于冒险，带有那么一点不理智可能也自有其价值，因此我们还是继续吧。

申明一点，我是发自内心地喜欢 JavaScript，作为通用型编程语言，它真的是独一无二和美丽的创造。我所说的美丽，不一定是传统意义上的：有时野兽也是美丽的，只要有人喜爱它，并为其穿上舞会所穿的礼服。

> JavaScript 的继承机制简单易用。
>
> —— 没人这么认为

如果根据谷歌的搜索结果，因特网上每提及一次“JavaScript 继承”，我就收入 5 美分，那么写作本章时，我将进账 2000 多美元。[注 1]排名最靠前的几篇文章[注 2]，虽

译注 1：作者 2017 年 6 月 11 日表示，本章内容仍旧是一座金矿，唯一改变的是要在子类的构造器中调用“super()”。

注 1：本书进入出版环节后，“JavaScript 继承”在谷歌搜索结果达 45000 条之多。

注 2：Douglas Crockford 所写的“JavaScript 类继承”（*http://www.crockford.com/javascript/inheritance.html*）、Alex Sexton 所写的“理解 JavaScript 继承”（*https://alexsexton.com/blog/2013/04/understanding-javascript-inheritance/*）、“继承和原型链——JavaScript MDN”（*https://developer.mozilla.org/en-US/docs/Web/JavaScript/Guide/Inheritance_and_the_prototype_chain*）和 John Resig“简单的 JavaScript 继承”（*http://ejohn.org/blog/simple-javascript-inheritance/*）。

然彼此观点不同，但是都非常有意思也并没有错。问题在于 JavaScript 定义一类对象及其行为的内在机制与定义任何被封装的运算机制相同，都是使用函数。此外，熟悉 C++（*http://bit.ly/cpp_class_decl*）、C#（*http://bit.ly/c_sharp_classes*）、Java（*http://bit.ly/java_class*）、Python（*http://bit.ly/python_classes*）和 Ruby（*http://bit.ly/ruby_class*）等编程语言的开发者，由于 JavaScript 缺少他们在各自熟悉语言中所理解的继承，他们往往受困于此。JavaScript 的原型继承模型往往被当作不公平的命名调用（name calling）而遭受指责，虽则美丽、强大，但有点令人迷惑不解，不易学习，掌握起来更难。另一掉链子的是 JavaScript 内置类在设计时根本没有考虑子类（*http://bit.ly/jquery_test_suite*）。

挫折无处不在！

jQuery 发展早期（*http://jquery.com/*），John Resig（*http://ejohn.org/*）尝试将其作为内置 `Array` 类（*http://bit.ly/jquery_as_subclass*）的子类。但他发现不仅 `Array` 子类的 `length` 属性赋值"神奇"地失踪了，而且老版本的 IE 浏览器不管 `Array` 子类实例元素数量多少均返回长度为 `0`，他最终不得不另辟蹊径。这是在 ECMAScript 标准的第 5 版发布之前，因此内置的 `Array` 尚未具备今天它所能支持的 `API`，这还意味着，除了 `length` 属性的问题（*http://bit.ly/subclass_js_array*），John 还得自己设计，以实现与类似数组的集合进行交互的方法。这些障碍致使 jQuery 采用了现有的设计方式：类实现了以集合为中心的迭代操作方法，用类生成的实例类似数组。本章我将从代码角度向你展示上面所说的是什么意思，我们将实现一个类，其实例为类似数组的元素列表，具有几个简单却很有用的方法，然后用当今及未来的语言功能多次重构代码。"测试集"为该库的基本功能，重构不能违背预先的规划。完整代码可从 *http://bit.ly/jquery_test_suite* 下载。

输出大致如下所示：

```
// file:criteria.js
(Result) The Elements class prototype
(Result) Zero length instance
(Result) Elements from Elements
(Result) One match will have a length of 1 (no context)
(Result) One match will have a length of 1
(Result) Two matches will have a length of 2
(Result) Add a class
(Result) Set and get an attribute
(Result) Set and get a css style property
(Result) Set and get some html
(Result) Filtering produces a new instance
```

```
(Result) Filter with a dummy predicate
(Result) Filter with a predicate
(Result) Invocation forEach item in the list
(Result) Find the indexOf an element
(Result) Push an element onto the list
(Result) Push returns the instance, not the length
(Result) Slicing produces a new instance
(Result) Slice a list of elements
(Result) Sort a list of elements by nodeName
```

注意

(Result) 要么通过要么失败。

工程师往往忽视测试及其为代码带来的价值，但我认为不论是什么语言，如要编写真正美丽的代码，必须用测试证明代码。将编写测试当作一种协议来理解比较好，即代码必须以某种特定方式运行，生成特定结果，无论何时（或除非变更需求）都应如此。因而测试通过迫使我们坚持我们所认可的测试结果，能够帮助我们多次重构。

下面库代码为Elements类的第1次迭代。这种实现方法不是以内置的Array类为父类。

注意

将context.querySelectorAll(selector)的调用置于try-catch结构中，以捕获由非法选择器抛出的异常。

```
// file:elements-r1.js
function Elements(selector, context) {
  var elems, elem, k;

  selector = selector || "";

  this.context = context || document;

  if (Array.isArray(selector) || selector instanceof Elements) {
    elems = selector;
  } else {
    try {
      elems = this.context.querySelectorAll(selector);
    } catch (e) {
      elems = [];
    }
  }

  if (!elems) {
```

```
      // elems is either:
      //   - undefined because the selector was invalid
      //       resulting in a thrown exception
      //   - null because the querySelectorAll returns
      //       null instead of an empty object when no
      //       matching elements are found.
      elems = []
    }

    if (elems.length) {
      k = -1;
      while (elem = elems[++k]) {
        this[k] = elem;
      }
    }

    this.length = elems.length;
  }

  Elements.prototype = {
    constructor: Elements,
    addClass: function(value) {
      this.forEach(function(elem) {
        elem.classList.add(value);
      });

      return this;
    },
    attr: function(key, value) {
      if (typeof value !== "undefined") {
        this.forEach(function(elem) {
          elem.setAttribute(key, value);
        });

        return this;
      } else {
        return this[0] && this[0].getAttribute(key);
      }
    },
    css: function(key, value) {
      if (typeof value !== "undefined") {
        this.forEach(function(elem) {
          elem.style[key] = value;
        });

        return this;
      } else {
        return this[0] && this[0].style[key];
      }
    },
    html: function(html) {
      if (typeof html !== "undefined") {
        this.forEach(function(elem) {
```

```
      elem.innerHTML = html;
    });

    return this;
  } else {
    return this[0] && this[0].innerHTML;
  }
},
filter: function() {
  return new Elements([].filter.apply(this, arguments));
},
forEach: function() {
  [].forEach.apply(this, arguments);
  return this;
},
indexOf: function() {
  return [].indexOf.apply(this, arguments);
},
push: function() {
  [].push.apply(this, arguments);
  return this;
},
slice: function() {
  return new Elements([].slice.apply(this, arguments));
},
sort: function() {
  return [].sort.apply(this, arguments);
}
};
```

上述代码虽则正确无疑，却带来梦魇般的技术债务。六处数组分配可替换为共用的、对 Array.prototype 的引用，但需用立即执行函数表达式封装全部声明和原型定义，避免绑定到全局对象后引起内存泄漏。将原本是 Array 的实例调整为 Elements 的实例，虽则要付出一定的性能代价，但也是安全的。尽管存在以上缺陷，这种实现方式功能齐全，并揭示了 length 属性赋值对于对象而言不是必须的，因为它们可以为内置的 Array 实例定义。带着对以上内容的理解，我们可以初步尝试将其重构为一个基本的 Array 子类：

```
// file:elements-r2.js
function Elements(selector, context) {
  Array.call(this);

  var elems;

  this.context = context || document;

  if (Array.isArray(selector) || selector instanceof Elements) {
    elems = selector;
  } else {
```

```
    try {
      elems = this.context.querySelectorAll(selector || "");

    } catch (e) {
      elems = [];
    }
  }

  if (!elems) {
    // elems is either:
    //   - undefined because the selector was invalid
    //     resulting in a thrown exception
    //   - null because the querySelectorAll returns
    //     null instead of an empty object when no
    //     matching elements are found.
    elems = []
  }

  this.push.apply(this, elems);
}

Elements.prototype = Object.create(Array.prototype);
Elements.prototype.constructor = Elements;

Elements.prototype.addClass = function(value) {
  this.forEach(function(elem) {
    elem.classList.add(value);
  });

  return this;
};
Elements.prototype.attr = function(key, value) {
  if (typeof value !== "undefined") {
    this.forEach(function(elem) {
      elem.setAttribute(key, value);
    });

    return this;
  } else {
    return this[0] && this[0].getAttribute(key);
  }
};
Elements.prototype.css = function(key, value) {
  if (typeof value !== "undefined") {
    this.forEach(function(elem) {
      elem.style[key] = value;
    });

    return this;
  } else {
    return this[0] && this[0].style[key];
  }
};
Elements.prototype.html = function(html) {
```

```
    if (typeof html !== "undefined") {
      this.forEach(function(elem) {

        elem.innerHTML = html;
      });
      return this;
    } else {
      return this[0] && this[0].innerHTML;
    }
  };
  Elements.prototype.filter = function() {
    return new Elements([].filter.apply(this, arguments));
  };
  Elements.prototype.slice = function() {
    return new Elements([].slice.apply(this, arguments));
  };
  Elements.prototype.push = function() {
    [].push.apply(this, arguments);
    return this;
  };
```

上述实现方式较第 1 种有了一些变化，不再明确定义 forEach、indexOf 和 sort：它们直接继承自内置的 Array.prototype。上述经过重构的这一版本在功能上仍旧正确无误，能够通过为 Elements 类定义的所有断言。不幸的是，将 Elements 设计成 Array 的子类，这个库的连贯性荡然无存：将 Object.create(Array.prototype) 赋给 Elements.prototype，那么对于所有子类自己的原型方法，一次只对一个属性赋值，从而降低了 Elements.prototype = {...}; 的可读性。这还暴露了一个病态的问题：上述代码不能直观地表示定义一类事物及其行为这一意图。

相当多的一部分读者也许害怕“类”这个词，但我们要记住类不是某一特定语言对面向对象编程范式的实现。还记得计算机编程语言中“对象”和“类”这两个术语的来历吧：

> Simula 67 语言一个新的核心概念是“对象”。对象是一段自包含的程序（块实例），拥有由“类声明”定义的局部数据和动作。类声明定义了一种程序模式（数据和动作），遵守该模式的对象被称为“属于同一类”。
>
> —— Ole-Johanv Dahl、Bjorn Myhrhaug 和 Kristen Nygaard 所写的“SIMULA 67 通用基本语言”（*http://bit.ly/simula_67*）

据此定义，我设计的代码无疑是一个“类”。带有原型定义的函数声明，无非是具体实现。一旦接受了这一点，我们可在接下来最后一次重构中继续修改。在第 3 次实现也是最后一次修改之前，我们有必要重新回顾几种快速发展的模式。不幸的是，构造函数和原型定义模式已被证明不够直观。近 10 年来，JavaScript 程序员追求一种编程机制，希望能支持在程序中使用某种像类这样的形式。尝试掩盖句法形式缺乏、功能封装为 API（API-bound）的库代码随之激增，其作者着眼于简洁。[注3] 最近几年，人们开发出与 JavaScript 抽象层次相同的语言，以便用更简单的句法形式弥补缺失的机制。[注4] 下面是一组不同形式的 API 和类声明句法，它们定义了 List 类和 People 类：People 是 List 的子类，People 的 push 方法拒绝非字符串形式的元素。上述这些要求代表了一个通用、不算小的编程任务，我们借此来介绍现有的方法及模式。

因此，对于以下要求：

- 定义 List 类。
- 定义 List 子类 People。
- 定义拒绝非字符串元素的 push 方法。

下面是我们要为其编写测试用例的断言：

```
(Result) An object named List exists, its type is "function"
(Result) An object named People exists, its type is "function"
(Result) Initialization arguments length equals List object length
(Result) Initialization arguments length equals People object length for
 strings only
(Result) Any value may be pushed into a List object.
(Result) String values may be pushed into People object.
```

这些断言的简化版类似于：

```
var l = new List(1, "foo", []);
console.log(l.length === 3);
console.log(l.push(42) === 4);

var p = new People("Alice", "Bob", "Carol");
console.log(p.length === 3);
console.log(p.push(42) === 3);
console.log(p.push("Dennis") === 4);
```

注 3：请见如下文章 *http://api.prototypejs.org/language/Class/*、*http://ejohn.org/blog/simple-javascript-inheritance/*、*http://dean.edwards.name/weblog/2006/03/base/* 和 *http://dojotoolkit.org/documentation/tutorials/1.7/declare/*。

注 4：请见 *http://coffeescript.org/#classes*。

在下面每段示例代码之后，运行如上测试代码（有时，要在示例代码转换为JavaScript之后）。

JavaScript：

```
function List() {
  this.push.apply(this, arguments);
}

List.prototype.push = function() {
  return [].push.apply(this, arguments);
};

function People() {
  List.call(this);
  this.push.apply(this, arguments);
}

People.prototype.push = function() {
  return List.prototype.push.apply(
    this, [].filter.call(arguments, function(peep) {
      return typeof peep === "string";
    })
  );
};
```

Prototype.js：

```
var List = Class.create({
  initialize: function() {
    this.push.apply(this, arguments);
  },
  push: function() {
    return [].push.apply(this, arguments);
  }
});

var People = Class.create(List, {
  push: function($super) {
    return $super.apply(
      this, [].slice.call(arguments, 1).filter(function(peep) {
        return typeof peep === "string";
      })
    );
  }
});
```

简单的 JavaScript 继承：

```
var List = Class.extend({
  init: function() {
    this.push.apply(this, arguments);
  },
  push: function() {
    return [].push.apply(this, arguments);
  }
});

var People = List.extend({
  init: function() {
    this._super.apply(this, arguments);
  },
  push: function() {
    return this._super.apply(
      this, [].filter.call(arguments, function(peep) {
        return typeof peep === "string";
      })
    );
  }
});
```

Dojo：

```
// Thanks to Brian Arnold @brianarn for this one.
// Note that this approach is deprecated and is shown
// here only as a means to illustrate a point.
var List = dojo.declare(null, {
  constructor: function() {
    this.push.apply(this, arguments);
  },
  push: function() {
    return [].push.apply(this, arguments);
  }
});

var People = dojo.declare(List, {
  push: function() {
    return this.inherited(
      arguments, [].filter.call(arguments, function(peep) {
        return typeof peep === "string";
      })
    );
  }
});
```

Ext.js：

```
Ext.define("List", {
  constructor: function () {
    this.push.apply(this, arguments);
  },
  push: function() {
    return [].push.apply(this, arguments);
  }
});

Ext.define("People", {
  extend: "List",
  push: function() {
    return this.callParent(
      [].filter.call(arguments, function(peep) {
        return typeof peep === "string";
      })
    );
  }
});
```

CoffeeScript：

```
class List
  constructor: (args...) ->
    this.push args...

  push: (args...) ->
    [].push args...


class People extends List
  push: (args...) ->
    super (args.filter (peep) -> typeof peep is "string")...
```

它转换为……

```
var List, People, _ref,
  __slice = [].slice,
  __hasProp = {}.hasOwnProperty,
  __extends = function(child, parent) {
    for (var key in parent) {
      if (__hasProp.call(parent, key)) child[key] = parent[key];
    }
    function ctor() {
      this.constructor = child;
    }
    ctor.prototype = parent.prototype;
    child.prototype = new ctor();
    child.__super__ = parent.prototype;
```

```
    return child;
  };

List = (function() {
  function List() {
    var args;
    args = 1 <= arguments.length ? __slice.call(arguments, 0) : [];
    this.push.apply(this, args);
  }

  List.prototype.push = function() {
    var args, _ref;
    args = 1 <= arguments.length ? __slice.call(arguments, 0) : [];
    return (_ref = []).push.apply(_ref, args);
  };

  return List;

})();

People = (function(_super) {
  __extends(People, _super);

  function People() {
    _ref = People.__super__.constructor.apply(this, arguments);
    return _ref;
  }

  People.prototype.push = function() {
    var args;
    args = 1 <= arguments.length ? __slice.call(arguments, 0) : [];
    return People.__super__.push.apply(this, args.filter(function(peep) {
      return typeof peep === "string";
    }));
  };

  return People;

})(List);
```

TypeScript：

```
class List {
  constructor(...args) {
    this.push.apply(this, args);
  }
  push(...args) {
    return [].push.apply(this, args);
  }
}

class People extends List {
  push(...args) {
```

```
    return super.push.apply(
      this, args.filter(peep => typeof peep === "string")
    );
  }
}
```

它转换为……

```
var __extends = this.__extends || function (d, b) {
  for (var p in b) if (b.hasOwnProperty(p)) d[p] = b[p];
  function __() { this.constructor = d; }
  __.prototype = b.prototype;
  d.prototype = new __();
};
var List = (function () {
  function List() {
    var args = [];
    for (var _i = 0; _i < (arguments.length - 0); _i++) {
      args[_i] = arguments[_i + 0];
    }
    this.push.apply(this, args);
  }
  List.prototype.push = function () {
    var args = [];
    for (var _i = 0; _i < (arguments.length - 0); _i++) {
      args[_i] = arguments[_i + 0];
    }
    return [].push.apply(this, args);
  };
  return List;
})();

var People = (function (_super) {
  __extends(People, _super);
  function People() {
    _super.apply(this, arguments);
  }
  People.prototype.push = function () {
    var args = [];
    for (var _i = 0; _i < (arguments.length - 0); _i++) {
      args[_i] = arguments[_i + 0];
    }
    return _super.prototype.push.apply(
      this, args.filter(function (peep) {
        return typeof peep === "string";
      })
    );
  };
  return People;
})(List);
```

几乎所有以上示例有一点是共通的：类定义或实际使用“class”这个词的其他某种声明机制。编译为 JavaScript 的示例提供一种句法形式，而已是 JavaScript 的示例提供基于 API 的实现。Dojo 示例，其作者选择将 API 命名为 declare，但 dojo.declare 文档及 AMD（异步模块加载机制）规范替换了它，称其为定义一个“class”。上述所有示例中唯一例外的是用 JavaScript 自身实现的方法，但不要被愚弄了，该语言自 ECMAScript1.0 起就将 class 作为 *FutureReservedWord*（未来保留字），并一直使用 [[class]] 作为内部声明机制。

上述基于 API 的每个示例，其“super”机制完全不同，但读者应知道 $super、_super、inherited 和 call Parent 可实现子类使用父类的同名方法。如果这些方法的命名方式保持一致，语义之间的联系将更直观（正如具有类似机制的其他语言）。

我为这些项目的作者所具有的非同凡响的创造性和独创性而喝彩，可是鉴于 API 示例重复使用相同的代码，并存在象征性的引用，再加上转换为 JavaScript 语言的几个示例，转换后得到大段 JavaScript 代码，读到这里，具有批判性思维的开发者将由此得到一个结论：最好还是有类机制，并且为了满足大多数常见需求，必须在语言这一层级上实现。

上述 JavaScript 语言示例，其代码在不久的将来将会变为如下形式：

```
class List extends Array {
  constructor(...args) {
    this.push(...args);
  }
}

class People extends List {
  push(...args) {
    return super.push(
      ...args.filter(peep => typeof peep === "string")
    );
  }
}
```

主观上讲，上述代码看似比所有基于 API 的示例更优雅，并且其观感可与转换为 JavaScript 语言的示例相媲美。撇去美感不谈，该程序的技术实现也优于以上所有示例。其中，最显著的变化是不再用 function 声明类，而是用新的、贴切的声明形式 class。用当前 JavaScript 语言的实现形式有 4 种语句范围（List、List.prototype、People 和 People.prototype），新的实现方式只有两个封装的类定义：List 和 People。List 不再明确声明 push 方法，因为它从 Array 继承该方法（以及

length 的正确含义），可以安全地被子类继承。显然，extends 语句并不限于内置的类，因为 People 是 List 的子类，而 List 才是 Array 的子类。People 类内部，有资格用 super.push 调用该类的超类所具有的 push 方法（该例中，调用向上依次查找两个原型，最终找到 Array.prototype.push）。大量象征性的引用，绝大多数情况下与程序所要表达的意思无关，遂被删除。我们不再用 function 这一点最明显，它已被意义明确的 class 所替，定义方法时删除了 function，改用简短的形式。笨拙的 arguments 对象和冗长的参数处理，完全被优雅的简单的剩余参数（rest parameter）和扩展参数（spread argument）所替代。

有了新的句法形式和语言层级的机制，我们可以重新回顾本章前面的 Elements 类，并采用新方法修改代码（同时遵守回归测试的约束），以真正大力改善代码：

```
// file:elements-r3.js
class Elements extends Array {
  constructor(selector = "", context = document) {
    super();

    let elems;

    this.context = context;

    if (Array.isArray(selector) ||
        selector instanceof Elements) {
      elems = selector;
    } else {
      try {
        elems = this.context.querySelectorAll(selector);
      } catch (e) {
        // Thrown Exceptions caused by invalid selectors
        // are a nuisance.
      }
    }

    if (!elems) {
      // elems is either:
      //   - undefined because the selector was invalid
      //       resulting in a thrown exception
      //   - null because the querySelectorAll returns
      //       null instead of an empty object when no
      //       matching elements are found.
      elems = []
    }

    this.push(...elems);
  }
  addClass(value) {
    return this.forEach(elem => elem.classList.add(value));
```

```
  }
  attr(key, value) {
    if (typeof value !== "undefined") {
      return this.forEach(elem => elem.setAttribute(key, value));
    } else {
      return this[0] && this[0].getAttribute(key);
    }
  }
  css(key, value) {
    if (typeof value !== "undefined") {
      return this.forEach(elem => elem.style[key] = value);
    } else {
      return this[0] && this[0].style[key];
    }
  }
  html(html) {
    if (typeof html !== "undefined") {
      return this.forEach(elem => elem.innerHTML = html);

    } else {
      return this[0] && this[0].innerHTML;
    }
  }
  filter(callback) {
    return new Elements(super.filter(callback, this));
  }
  slice(...args) {
    return new Elements(super.slice(...args));
  }
  forEach(callback) {
    super.forEach(callback, this);
    return this;
  }
  push(...elems) {
    super.push(...elems);
    return this;
  }
}
```

上述代码较之前改动较多，尽管如此，该段代码所实现的类跟之前相同（虽不完全相同，但却满足要求），为这次重构之前的实现方法所编写的测试用例，它也能顺利通过。

为了更准确地表达这段代码的意图，函数声明和明确的原型定义由单个类声明所替代。先前的几个示例用到两种或三种句法形式（函数声明语句、赋值表达式，它们结合生成表达式语句等），重构之后的类具有明确的范围（类的主体部分），将构造器和类的 prototype 对象所有方法的定义（用优雅、简洁的句式定义方法）都囊括进来。当然，用类这种形式声明类，可以用 extends 语句定义真正意义上的子类。

用逻辑或运算判断 selector 和 context 参数默认值潜在的以假乱真情况也被消除了，如今以默认参数赋值的形式更清楚地表达出来。利用 Array 构造器作为伪超类调用，这种完全不明显的调用机制也被构造器中明白无误的 super 调用所替代。所有匿名函数表达式由箭头函数取代，从而消除了 function(){return...;} 产生的混乱。

该实现方式最重要的一个方面在于从整体上删除了“令人分心”的语句。这种来自未来的实现方式，重视程序自身语义的清晰易读，摒弃了晦涩的继承、方法借用和重复的引用，且完全兼容之前的实现方式，它能通过回归测试证明了这一点。

通过本章的学习，我们看到 JavaScript 是一门强大的语言，它持久的灵活性和表现力赋予了开发者定义这门语言未来形态演变的能力。这门语言从真实应用场景汲取灵感，前进方向始终与广大开发者的实际工作保持一致。

作者介绍

Anton Kovalyov（@valueof）出生于乌兹别克斯坦首都塔什干，并在那里长大。出国前，他主要编写Python代码，（重新）编译Gentoo。2008年，他去了美国，加盟Disqus。大约同一时期，他发现了JavaScript，从此不愿与之分离。在Disqus工作期间，Anton开发了JavaScript检查分析工具JSHint，与人合著《Third Party JavaScript》（Manning）。离开Disqus之后，Anton去了Mozilla，供职于Firefox开发者工具团队。现在，Anton在Medium工作，生活在加利福尼亚州奥克兰市。

Jonathan Barronville（@jonathanmarvens）是一名21岁的海地程序员。他喜欢学习新事物，然后再教给你，而不管是否愿意学。虽然Jonathan的经验主要集中在Web开发领域，但他也喜欢系统层级的编程、数据库理论和分布式系统方面的问题。

Sara Chipps（@sarajchipps）是一名JavaScript程序员，在纽约工作。她自2001年起，一直从事软件开发工作，并活跃在开源社区，2012年以来，她为硬件着迷，成为Nodebots.com网站的忠实用户。

Sara担任Jewelbots.com的CEO，该公司致力于用硬件大力提升进入STEM领域（科学、技术、工程和数学）女孩的数量。

2010年，Sara与人合伙成立了非盈利性组织Girl Develop It，以帮助更多的女性成为软件开发者。Girl Develop It组织遍布45个城市，已教过17000多名女性如何开发软件。

Angus Croll（@angustweets）爱JavaScript有如爱文学。他在Twitter担任前端工程师。他著有《If Hemingway wrote JavaScript》（No Starch Press）。

Marijn Haverbeke（@marijnjh）著有《Eloquent JavaScript》（No Starch Press）一书，CodeMirror和Tern的开发者。他是一位具有独立精神的开源人和JavaScript牛仔。

Ariya Hidayat（@ariyahidayat）在Shape Security工作，是一位充满激情的工程师，对前沿技术感兴趣。他是PhantomJS和Esprima的开发者。最近，他主要关注Web技术方面的软件开发技巧。

Daryl Koopersmith（@koop）为 Medium 公司工程师，带领该公司的 Web 客户端协会。他之前在 Automattic 工作，是 WordPress 开源项目的核心贡献者。有时，他假装自己是一名咖啡师。

Rebecca Murphey（@rmurphey）是 Bazaarvoice 公司的资深软件工程师。她在高流量客户端 Web 应用的软件设计和开发工作中扮演重要角色，她还以组织、测试、重构和维护 JavaScript 应用代码方面的最佳实践而声名远播。Rebecca 开发了 JS Assessment 项目，该软件被个人、公司和编程培训学校用来评估开发者的 JavaScript 技能。她为 jQuery1.5 贡献过自己的智慧，还曾为几个开源项目贡献过代码。她编写了在线书籍《jQuery Fundamentals》，参与了《jQuery Cookbook》的编写工作，为 Garann Means 的《Node for Front-End Developers》（O'Reilly）和 David Herman 的《Effective JavaScript》担任技术评审。她跟丈夫和儿子生活在奥斯汀。

Daniel Pupius（@dpup）为 Medium 公司工程部主任。之前，他就职于 Google，参与过 Google+ 和 Gmail 项目，与人合作开发了 Closure 库。

他从第 4 版浏览器的使用过程吸收经验和教训，在 Ajax 成气候之前，他参与了早期的 DHTML 社区。工作之余，Dan 还参加滑雪比赛，喜欢跳伞和丛林露营。

Graeme Roberts（@cheedear），“chee”，近来在这个孤独的星球上感到自己是多余的；相貌犹如大鼻子情圣 svg 图标；身高近 1.8 米；爱喝 Tom Collins 鸡尾酒；没啥本事；火与泪炼成。

Jenn Schiffer（@jennschiffer）是一名工程师和艺术家，关注开放 Web 技术、开源软件开发，为此在 Twitter 上被人骂过。她创建了 make8bitart.com 等代码 / 艺术项目，在几家媒体发表技术方面的讽刺性文章。你可以从 *http://jennmoney.biz* 找到她批评过的一切。

Jacob Thornton（@fat）是 bootstrap、bower、ratchet 等开源技术的开发者。他曾在 Twitter、Medium、Obvious 和 Chill Tech Enterprises 工作过。身高 1.9 米。喜欢种植西芹。多愁善感。公司最糟糕的程序员，但论酷排第三。

Ben Vinegar（@bentlegen）是一名软件工程师，在旧金山工作，与人合著《Third-Party JavaScript》（Manning）一书。他之前是 Disqus 公司的前端主程。

Rick Waldron（@rwaldron）是 Bocoup 开放 Web 工程师，是 jQuery 基金会 Ecma/TC39 的代表，同时也是 JavaScript 机器人编程框架 Johnny-Five 的开发者。

Nicholas Zakas（@slicknet）集前端工程师、作者和讲师于一身。他当前供职于 Box，工作职责是让 Web 应用更出彩。他之前在 Yahoo！差不多工作了五年，担任 Yahoo！首页前端工程师，同时还参与 YUI 库的开发。他著有《编写可维护的 JavaScript》《JavaScript 高级程序设计》《High Performance JavaScript》（O'Reilly）和《Professional Ajax》（Wrox）。Nicholas 大力倡导包括渐进增强（progressive enhancement）、可访问性、性能、可扩展性和可维护性在内的软件开发最佳实践。他定期更新博客，博客名称为 NCZOnline（*http://www.nczonline.net/*）。